KOSMOS *astropraxis*

Umschlaggestaltung von eStudio Calamar unter Verwendung
einer Farbaufnahme des Andromeda-Nebels (digitales
Komposit zweier Aufnahmen von Werner E. Celnik und Mark
Emmerich/Sven Melchert) und einer Farbaufnahme von
Werner E. Celnik (zunehmender Mond) sowie drei Farbauf-
nahmen von Mark Emmerich/Sven Melchert (Komet Hale-
Bopp, Kugelsternhaufen M 13 und Orion-Nebel M 42).

Mit 93 Farb- und 25 Schwarzweißfotos, 18 Illustrationen von
Gunther Schulz, Fußgönheim, und 31 Illustrationen und Stern-
karten von Gerhard Weiland, Köln.

Bildnachweis Seite 192.

Die Deutsche Bibliothek – CIP-Einheitsaufnahme
Ein Titelsatz für diese Publikation ist bei
Der Deutschen Bibliothek erhältlich
Gedruckt auf chlorfrei gebleichtem Papier

© 2002, Franckh-Kosmos Verlags-GmbH & Co., Stuttgart
Alle Rechte vorbehalten
ISBN 3-440-09090-6
Redaktion: Sven Melchert
Gestaltungskonzept: eStudio Calamar
Satz und Repro: Typomedia GmbH, Ostfildern
Produktion: Siegfried Fischer, Stuttgart
Printed in Italy / Imprimé en Italie
Druck und Bindung: Printer Trento S.r.l., Trento

Werner E. Celnik
Hermann-Michael Hahn

Astronomie
für Einsteiger

Schritt für Schritt
zur erfolgreichen
Himmelsbeobachtung

KOSMOS

Astronomie – Ihr neues Hobby! 6

Astronomie am Tag 8

Phänomene des Alltags 10
- Warum ist der Himmel blau? 10
- Himmlische Drehungen 15
- Und sie bewegt sich doch... 19
- Die irdische Uhr 21

Warten, bis es dunkel wird 24
- Licht auf krummen Wegen 24
- Die Dämmerungsphasen 24
- Helle Nächte 26
- Sonnenfinsternisse 26
- Warten, bis es klar wird 27

Astronomie bei Nacht 28

Beobachtungen mit bloßem Auge 30
- Ein Blick zum Nachthimmel 30
- Die ersten Sternbilder 33
- Die Ekliptiksternbilder 33
- Die Wintersternbilder 35
- Die Frühlingssternbilder 37
- Die Sommersternbilder 38
- Die Herbststernbilder 39
- Die Zirkumpolarsternbilder 40
- Das Band der Milchstraße 42

Wandelsterne und Kollegen 43
- Der Mond 43
- Planeten und ihre Bewegung 48
- Sternschnuppen 55
- Künstliche Satelliten 56
- Kometen – seltene Besucher am irdischen Himmel 59

Kleine Teleskopkunde 60

Ferngläser und Fernrohre 62
- Das Lichtsammelvermögen 62
- Die Bildschärfe 63
- Die Vergrößerung 65
- Das Öffnungsverhältnis 66
- Instrumente in Theorie und Praxis 67

Die astronomische Montierung 76
- Teleskopmontierung und Äquatorsystem 76
- Das Aufstellen der Montierung 77
- Tipps zum Teleskopkauf 78
- Beobachtungstechniken 80

Die Objekte des Sonnensystems 84

Der Mond – unser Nachbar im All 86
- Die Mondoberfläche 86
- Der Mond im Fernglas 87
- Mondfinsternisse 88
- Der Mond im Teleskop 89

INHALT

Die Beobachtung der Sonne — 90

- Die Projektionsmethode — 91
- Die Filtermethode — 91
- Sonnenflecken — 92
- Weitere Beobachtungen — 94
- Sonnenfinsternisse — 97

Die Beobachtung der Planeten — 98

- Planetenbeobachtung mit dem Fernglas — 98
- Planetenbeobachtung mit dem Teleskop — 99
- Die inneren Planeten — 100
- Die äußeren Planeten — 104
- Die lichtschwachen Planeten — 115
- Kleinplaneten — 119
- Sternschnuppen — 121
- Kometen – Wanderer im All — 126

Sterne, Nebel und Galaxien — 132

Sterne – die Leuchtfeuer im All — 134

- Sterne – nicht „zum Greifen nah" — 134
- Absolute Helligkeiten — 137
- Farbige Sterne — 138
- Verräterische Linien — 140
- Das Hertzsprung-Russell-Diagramm — 140
- Das Leben der Sterne — 142
- Doppelsterne — 144
- Veränderliche Sterne — 146

Nahe und ferne Milchstraßen — 150

- Die Milchstraße beobachten — 152
- Deep Sky, der „tiefe" Himmel — 153
- Offene Sternhaufen — 154
- Die interstellare Materie — 157
- Kugelsternhaufen — 162
- Galaxien — 164

Vom Amateur zum Profi — 168

Praktische Astrofotografie — 170

- Einfache Fotos mit dem Fotoapparat — 170
- Fotografie mit exakter Nachführung — 174
- Aufnahmen durch das Teleskop — 176
- Fotografie mit langer Brennweite — 177
- Den richtigen Film wählen — 178
- Die Filmentwicklung — 179
- Digitale Bilderwelt — 180

Das Beobachtungsbuch — 184

- Beobachtungen richtig festhalten — 184
- Beobachtungsbuch für Astrofotos — 184

Leserservice — 186

- Literaturtipps — 186
- Register — 188
- Internet-Links — 187
- Adressen der Planetarien — 191

Astronomie – Ihr neues Hobby!

Die Astronomie ist ein herrliches Hobby. Als Naturwissenschaftler sind beide Autoren gewohnt, sachlich, nüchtern und mit wissenschaftlicher Akribie an Naturphänomene heranzugehen, Informationen zu sammeln und sie als Daten zu speichern und zu untersuchen. Dennoch, die Faszination der Astronomie als älteste aller Wissenschaften hat uns nicht losgelassen. Auch in unserer Freizeit beschäftigen wir uns mit den Wundern des Universums, die wir oftmals mit bloßem Auge, mit Teleskopen und Fotokameras am dunklen Nachthimmel erleben können.

Viele Himmelsobjekte und -phänomene sind mit bloßem Auge zu beobachten, wir müssen nur darauf achten. Für andere benötigen wir optische Hilfsmittel; vor allem dann, wenn das betreffende Himmelsobjekt lichtschwach ist. Ein Feldstecher oder ein kleines Teleskop werden daher schnell zum Instrumentarium eines Hobby- oder Amateur-Astronomen zählen, nachdem er mit der Himmelsbeobachtung begonnen hat. Solche Geräte sind im Handel erhältlich. Aber ein Einsteiger wird sich nur selten sofort mit der Handhabung und den vielfältigen Einsatzmöglichkeiten eines Beobachtungsinstrumentes vertraut machen können. Auch dazu wollen wir mit diesem Buch ein wenig Hilfestellung leisten.

Hat der beginnende Sternfreund ein einsatzfähiges Instrument, so stellt sich ihm bald die Frage, was er am Himmel denn überhaupt damit beobachten kann. Der Mond mit seiner zerklüfteten Oberfläche ist ja ganz nett, aber da muss es doch noch mehr geben! Und alle 3000 mit bloßem Auge erkennbaren Sterne abklappern, das ist ja langweilig. Recht hat er. Doch wie kann dem Beobachter geholfen werden?

Wenn Sie als unser Leser sich hier wiedererkennen: Gehen Sie zu der Volkssternwarte in Ihrer Nähe und schauen Sie sich die Himmelsobjekte mit den an Beobachtungsabenden öffentlich zugänglichen Instrumenten an. Und benutzen Sie vor allem Ihr eigenes Beobachtungsinstrument. Arbeiten Sie dieses Buch mit Ruhe durch. Benutzen Sie es als „Bedienungsanleitung". Gehen Sie systematisch vor, führen Sie ein Beobachtungsbuch,

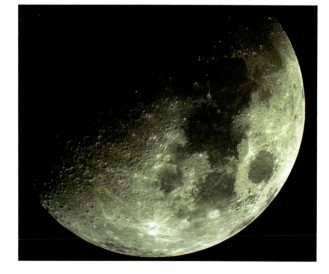

Der zunehmende Halbmond, aufgenommen mit einer „WebCam".

Eine Sternstrichspuraufnahme, auf der es viel zu entdecken gibt. Deutlich spiegelt sie die Drehung der Erde um ihre eigene Achse wider – dadurch haben die Sterne Strichspuren gebildet. Das fotografierte Gebiet um das Sternbild Schütze wird vom Band der Milchstraße durchzogen und ist reich an interessanten Objekten für Fernglas und Fernrohr.

in das Sie Ihre Beobachtungen und Problemlösungen eintragen. Damit profitieren Sie mehr und mehr von bereits gemachten Erfahrungen und lernen stetig hinzu. Bitte denken Sie daran: Auch in der Hobby-Astronomie ist noch kein Meister vom Himmel gefallen.

In diesem Buch informieren wir Sie darüber, welche Objekte am Himmel zu beobachten sind. Wir stellen Ihnen Sonne, Mond und Planeten vor; was wir darüber wissen und was wir mit Amateurmitteln an diesen Objekten beobachten können. Wir stoßen mit der Beobachtung von Sternen und Sternsystemen ins tiefe Universum vor. Auch kleinere Instrumente machen uns ein Fülle von fernen Objekten zugänglich. Wir werden diskutieren, welches Instrument für welchen Beobachtungszweck besonders geeignet ist und wie es funktioniert.

Wir leisten Ihnen dabei Hilfestellung, mit Ihrem Instrument umgehen zu lernen und die gewünschten Himmelsobjekte auch genau einstellen zu können.

Vielleicht macht Ihnen das Hobby Astronomie noch mehr Freude, wenn Sie sich mit anderen Sternfreunden treffen, um sich auszutauschen und gegenseitig zu unterstützen. Die zahlreichen lokalen astronomischen Vereine oder auch überregionale Organisationen wie z. B. die „Vereinigung der Sternfreunde" (VdS) helfen Ihnen gerne weiter.

Wir wünschen Ihnen viel Freude bei der Beschäftigung mit dem für uns schönsten aller Hobbys, der Astronomie!

Werner E. Celnik
Hermann-Michael Hahn

Astronomie am Tag

ASTRONOMIE AM TAG

Phänomene des Alltags

▸ Warum ist der Himmel blau? 10
▸ Himmlische Drehungen 15

▸ Und sie bewegt sich doch... 19
▸ Die irdische Uhr 21

Warum ist der Himmel blau?

Viele Dinge erscheinen uns im täglichen Leben so selbstverständlich, dass es einem gar nicht in den Sinn kommt, darüber nachzudenken oder nach den Ursachen zu fragen. Oft sind es dann erst die eigenen oder andere Kinder, die das Problem bewusst machen und nach einer Antwort auf scheinbar einfache Fragen verlangen.
Solch „kindliche" Neugier ist der Antrieb jeder Wissenschaft, wie schon der Titelsong der seit Jahrzehnten auch bei uns so beliebten Kindersendung Sesamstraße deutlich macht, wo es unter anderem heißt „Wer nicht fragt, bleibt dumm!". Dass die Suche nach den Antworten einen ganz automatisch immer tiefer in den Dschungel der Wissenschaften führt, braucht dabei nicht abzuschrecken – im Gegenteil: „Neugier genügt" (so der Titel einer Wissens-Sendung im Hörfunk), um sich furchtlos dem „Abenteuer Wissenschaft" (der Titel einer „Infotainment"-Reihe im Fernsehen) zu stellen. Beginnen also auch wir unsere Reise zu den Sternen mit der scheinbar unverfänglichen Frage „Warum ist der Himmel blau?".
Ein „strahlend" blauer Himmel ist für die meisten Menschen der Inbegriff von Urlaub oder zumindest von schönem Wetter: Wenn kein noch so dünner Wolkenschleier den Himmel trübt, ist eine wichtige Voraussetzung für einen „Klasse-Urlaub" erfüllt. Und wenn dann noch die Sonne abends blutrot im Meer versinkt und anschließend der Himmel in „warmen" Farben erglüht, schmelzen nicht nur romantisch veranlagte Zeitgenossen dahin.
Wir klinken uns an dieser Stelle vom weiteren Verlauf des Abends (und der Nacht) aus und stellen uns stattdessen die ergänzende Frage, wieso der zuvor noch so strahlend blaue Himmel sich auf einmal so kräftig verfärben kann. Zweifellos spielt die Atmosphäre der Erde eine wichtige Rolle für die Farbe des Himmels. Astronauten, die mit ihren Raumschiffen die Erde jenseits der Atmosphäre umrundet haben, berichteten von einem tiefschwarzen Himmel auch über der Tagseite der Erde, und auf den Bildern ihrer Weltraumflüge erkennt man die irdische Lufthülle als dünnen, bläulich erscheinenden Saum rund um unseren Planeten. Ohne Lufthülle wäre der Himmel auch tagsüber nachtschwarz, gerade so, wie die Apollo-Astronauten ihn auf dem (atmosphärelosen) Mond erlebt haben.
Unsere eingangs gestellte Frage lautet aber ja nicht „Warum ist der Himmel nicht schwarz?", sondern

PHÄNOMENE DES ALLTAGS

klipp und klar „Warum ist der Himmel blau?". Das heißt, ganz so eindeutig erscheint die Frage auch nur auf den ersten Blick: Schließlich ist der gleiche, immer noch wolkenlose Himmel nachts ja auch nicht mehr blau, sondern mehr oder minder schwarz. Tag und Nacht unterscheiden sich dadurch voneinander, dass die Erde – und mit ihr die irdische Lufthülle – tagsüber vom Sonnenlicht getroffen wird, nachts dagegen nicht. So liegt der Verdacht nahe, dass auch die Sonne – oder genauer: das Sonnenlicht – eine wichtige Rolle für die Farbe des Himmels spielt. Sonnenlicht erscheint allerdings gelb, und so kann es nicht einfach nur in der Atmosphäre gespiegelt werden. Vielmehr muss ein anderer physikalischer Prozess wirksam sein, der nicht nur das Himmelsblau des Tages sowie das Abend- oder Morgenrot erklären kann, sondern auch, warum der Übergang vom „farbigen" Tag- beziehungsweise Dämmerungshimmel zum dunklen (farblosen) Nachthimmel eigentlich unmittelbar erfolgt – soll heißen: Auch ein Aufheizen der Atmosphäre am Morgen oder ein Abkühlen am Abend kann für das unterschiedliche Erscheinungsbild des Himmels bei Tag und während der Nacht nicht herhalten!

Wer einen wolkenlosen, strahlend blauen Urlaubshimmel nicht am hochsommerlichen Strand, sondern winters im tief verschneiten Hochgebirge genießt, kann der Antwort auf unsere Frage noch ein Stück näher kommen. Der weiße Schnee bezieht diese seine „Farbe"

Schneelandschaft mit weißem und mit blauem Schnee

wie alle weiß erscheinenden Oberflächen aus dem Vermögen, das auftreffende Licht aller Farben gleichermaßen gut zu reflektieren. Auf dem Foto einer verschneiten Landschaft wird dies besonders deutlich, denn dort kann man erkennen, dass nur der sonnenbeschienene Schnee wirklich weiß erscheint; Schnee im Schatten, der nur das „strahlende" Blau des Himmels reflektieren kann, zeigt dagegen einen bläulichen Schimmer. Die Sonne aber leuchtet eindeutig gelblich, zu-

ASTRONOMIE AM TAG

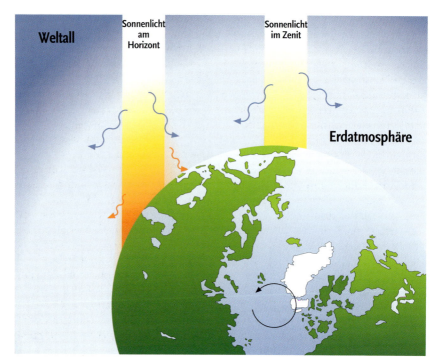

Zur Entstehung des blauen Himmels und roter Sonnenuntergänge: Bei steilem Lichteinfall ist der Weg durch die Atmosphäre vergleichsweise kurz und kurzwelliges (blaues) Licht verfärbt den Himmel. Steht die Sonne tief am Himmel, so ist der Weg durch die Atmosphäre lang und nur langwelliges (rotes) Licht bleibt übrig.

mindest dann, wenn sie hoch am Himmel steht – wieso also erscheint der Schnee weiß und nicht auch gelb?

Spätestens an dieser Stelle könnte der Eindruck entstehen, wir hätten unsere ursprüngliche Frage „Warum ist der Himmel tagsüber blau?" inzwischen längst aus den Augen verloren oder uns in eine andere, vielleicht einfacher zu beantwortende Frage geflüchtet, um vom eigentlichen Problem abzulenken. Dabei liefert uns ein Nachdenken über diese Frage – verbunden mit einer kritischen Diskussion der beschriebenen Beobachtung – den entscheidenden Lösungsansatz. Wenn – wie beschrieben – der Schnee im Schatten bläulich erscheint, weil er nur das Himmelsblau reflektieren kann, der sonnenbeschienene Schnee dagegen weiß aussieht, weil er das blaue Himmelslicht und das gelbe Sonnenlicht reflektiert, dann liefert offenbar die Addition von blauem und gelbem Licht weißes Licht.

Ein Experiment

Diese Annahme lässt sich mit einem einfachen Experiment leicht überprüfen. Dazu benötigen Sie zwei Halogenleuchten und je ein Stück gelbes und blaues Transparentpapier. Richten Sie dann die beiden Leuchten so aus, dass das Licht von beiden gemeinsam auf ein Blatt weißes Papier fällt. Wenn nun eine der beiden Leuchten ausgeschaltet wird und Sie das Licht der anderen mit dem gelben Transparentpapier filtern, wird das weiße Papier gelb erscheinen, denn das gelbe Transparentpapier lässt nur den gelben Anteil des ursprünglich weißen Lichtes passieren, und das weiße Papier kann entsprechend nur gelbes Licht reflektieren. Schalten Sie dagegen die andere Leuchte ein und filtern deren Licht mit dem blauen Transparentpapier, so sieht das weiße Papier bläulich aus. Erst wenn beide Leuchten eingeschaltet sind, erscheint das weiße Papier trotz der beiden verschiedenartigen Filter wieder weiß – oder zumindest hellgrau. Die Physiker sprechen in diesem Fall von additiver Farbmischung.

Wenn aber die Addition von blauem und gelbem Licht weißes Licht ergibt, sollte umgekehrt weißes Licht gelb werden, wenn man den blauen Anteil ganz oder teilweise herausfiltert. Genau das passiert dann offenbar in der irdischen Lufthülle, wo das an sich weiße Licht der Sonne seinen Blauanteil „verliert" und eine gelbe Sonne zurückbleibt.

Jetzt müssen wir nur noch herausfinden, was diese Aufspaltung und anschließende Trennung des weißen Sonnenlichtes in das aus allen Richtungen gleichmäßig auftreffende Himmelsblau und die nach wie vor scharf begrenzt erscheinende Sonne bewirkt, und dazu ist uns eine weitere Beobachtung hilfreich. Es wurde schon darauf hingewiesen, dass die Sonne nur hoch am Himmel leicht gelb aussieht – näher zum Horizont erscheint sie dagegen zunehmend gelborange, orange oder gar orangerot. Da kaum jemand ernsthaft behaupten wird, dass die Sonne selbst ihre Farbe verändert, muss auch hier ein anderer Prozess am Werke sein – vielleicht sogar der gleiche, der für das Himmelsblau verantwortlich ist. Dazu betrachten wir einmal die Abbildung links.

Im rechten Teil steht die Sonne hoch am Himmel, und der Weg ihres Lichts durch die Erdatmosphäre ist auffallend kurz – erst auf den letzten rund 50 Kilometern bis zum Erdboden muss es durch eine Gasschicht von nennenswerter, nach unten deutlich zunehmender Dichte hindurch. Im linken Teil steht die Sonne dagegen für den gleichen Betrachter tief über dem Horizont. Oberhalb der Atmosphä-

Bei Sonnenauf- und -untergang dringt vom eigentlich weißen Sonnenlicht nur dessen roter Anteil durch die Erdatmosphäre.

re kommt nach wie vor weißes Sonnenlicht an, der Betrachter am Erdboden dagegen sieht die Sonne rötlich, und auch der Himmel ist nun in ein rotes Licht getaucht. Auch ohne eine exakte geometrische Betrachtung sieht man sofort, dass der Weg des Sonnenlichtes durch die dichteren Schichten der Erdatmosphäre jetzt wesentlich länger ist als im ersten Fall, denn es trifft jetzt nur noch streifend auf die Lufthülle und muss entsprechend schräg durch die Atmosphäreschichten hindurch. Wenn jetzt aber Sonne und Himmel rötlich leuchten (und entsprechend auch der sonnenbeschienene Schnee im Hochgebirge in der Abendsonne einen deutlich Rotschimmer zeigt), ist offenbar der gesamte Rest des ursprünglich weißen Sonnenlichtes auf dem langen Weg durch die Atmosphäre verloren gegangen. Dafür spricht auch, dass die Sonne jetzt bei weitem nicht mehr so grell leuchtet und so stark wärmt wie um die Mittagszeit. Der Blauanteil färbt einige hundert Kilometer weiter westlich, wo die Sonne noch etwas höher über dem Horizont steht, den Himmel weiterhin blau, und wenn aus dem verbleibenden gelben Licht der Sonne auch noch die mittleren Wellenlängen herausgefiltert werden, bleibt am Ende ein orangeroter Glutball übrig.

Des Rätsels Lösung

Mit anderen Worten entsteht das Blau des Taghimmels durch einen Ausleseprozess, der innerhalb der Erdatmosphäre abläuft und um so stärker wirkt, je länger der Weg des Lichtes durch diese Lufthülle ist. Dieser Prozess macht sich darüber hinaus bei blauem Licht besonders stark bemerkbar. Beobachtungen des britischen Physikers Lord John William Rayleigh lieferten schließlich im 19. Jahrhundert eine Erklä-

rung für diesen Prozess: Es sind die Atome und Moleküle der Erdatmosphäre selbst, die für die himmlischen Farbkompositionen verantwortlich gemacht werden können. Wenn sie vom Sonnenlicht getroffen werden, werden sie kurzzeitig gleichsam elektrisiert, müssen aber diese überschüssige Energie unmittelbar danach wieder an die Umgebung zurückgeben. Und da diese „Rückgabe" der von außen auf sie eingeprasselten Energie in alle möglichen Richtungen denkbar ist, wird ein Teil des Lichtes aus dem ursprünglichen Strom herausgefischt und in alle anderen Richtungen „gestreut".

An dieser Stelle ist es hilfreich, auf eine Modellvorstellung der Physiker für die Beschreibung des Lichtes zurückzugreifen: Sie betrachten Licht (und andere Formen der elektromagnetischen Strahlung) als Wellen mit unterschiedlicher Frequenz oder Wellenlänge. Dabei entsprechen die einzelnen Farben verschiedenen Wellenlängen: Blaues Licht zum Beispiel besitzt Wellenlängen von etwa 420 bis 480 Nanometer (1 Nanometer = 1 Milliardstel Meter), während Licht von 640 bis 800 Nanometer Wellenlänge als rot bezeichnet wird. Die betroffenen Luftmoleküle sind noch etwa 50- bis 100-mal kleiner. Lord Rayleigh fand 1861 heraus, dass der beschriebene Streuprozess stark wellenlängenabhängig ist und damit eine klare Farbauslese begünstigt: Je kürzer die Wellenlänge des auftreffenden Lichtes, desto stärker wird das Licht gestreut – blaues Licht etwa 16-mal

PHÄNOMENE DES ALLTAGS | 15

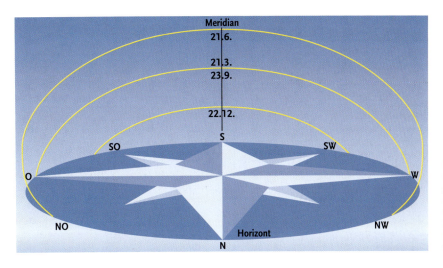

Nur im Frühjahr und Herbst geht die Sonne genau im Osten auf und im Westen unter. Im Winter ist ihr Tagbogen viel kürzer, im Sommer dagegen sehr viel länger und höher.

so stark wie rotes. Kein Wunder also, dass der Himmel tagsüber blau erscheint.

So schön ein strahlend blauer Himmel auch aussehen mag – für astronomische Beobachtungen hat er einen entscheidenden Nachteil: Er ist so hell, dass man die Sterne am Tag mit bloßem Auge nicht sehen kann. Allenfalls Mond und Venus – in Ausnahmesituationen auch Jupiter – können sich gegen diesen hellen Himmel abheben. Daraus kann man ableiten, dass der Taghimmel rund 10.000-mal heller als der Nachthimmel erscheint. Aber auch am Tage lassen sich – aus der bloßen Beobachtung der Sonne – schon eine Menge astronomischer Grundkenntnisse gewinnen.

Himmlische Drehungen

Jeder weiß aus eigener Anschauung, dass die Sonne allmorgendlich in etwa der gleichen Richtung am Himmel sichtbar wird und jeden Abend auf ungefähr der gegenüberliegenden Seite wieder verschwindet; dazwischen zieht sie in einem mehr oder minder hohen Bogen über den Himmel und erreicht dabei um die Mittagszeit ihre größte Höhe – sie „kulminiert", sagen die Astronomen. Wenn man über Tage, Wochen und Monate immer wieder die Richtung bestimmt, in der die Sonne diese Kulmination erreicht, wird man feststellen, dass die Richtung sich im Laufe der Zeit nicht verändert. Die „Mittagsrichtung" wird Südrichtung genannt, die Sonne steht also mittags genau im Süden. Wer nach Süden blickt, hat linker Hand Osten und rechter Hand Westen – und Norden, die vierte der Haupthimmelsrichtungen, im Rücken. Ein bekannter Kinderreim hält diesen Sachverhalt fest: „Im Osten geht die Sonne auf, im Süden nimmt sie ihren Lauf, im Westen wird sie untergehn, im Norden ist sie nie zu sehn."

Dass sich Tiefdruckwirbel auf der Nordhalbkugel immer entgegen dem Uhrzeigersinn bewegen, wird durch die Erdrotation verursacht.

Da die Sterne nachts das gleiche Bewegungsmuster zeigen, glaubten die Menschen früher, der gesamte Himmel würde sich im Laufe eines Tages von Ost nach West um die Erde drehen. Inzwischen dürfte sich jedoch herumgesprochen haben, dass in Wirklichkeit die Erde in der gleichen Zeit in umgekehrter Richtung – also von West nach Ost – um ihre eigene Achse wirbelt, am Äquator immerhin mit einer Geschwindigkeit von mehr als 460 Metern pro Sekunde, also eigentlich schneller als der Schall; dass wir trotzdem keinen permanenten Überschallknall hören, liegt allein daran, dass sich die Erde gemeinsam mit der Atmosphäre in einem weitgehend leeren (Welt-)Raum dreht.

Die Vorstellung von einer sich drehenden Erde wurde zwar auch schon im antiken Griechenland diskutiert, ist dann aber aufgrund fehlender Beobachtungsnachweise auch wieder verworfen worden – aus der bloßen Beobachtung der westwärts gerichteten Wanderung der Gestirne am Himmel entlang lässt sich eine Entscheidung nämlich nicht fällen.

Ein klärendes Experiment wurde in der Mitte des 19. Jahrhunderts von dem französischen Physiker Jean Bernard Foucault ausgeführt: Er ließ damals im Pariser Panthéon ein langes Pendel schwingen und konnte zeigen, dass sich die Erde unter der – räumlich unverändert bleibenden – Schwingungsrichtung des Pendels drehte. Einen weiteren Hinweis auf die real existierende Drehung der Erde liefern die typischen Windströmungen in der Tropenzone: Luft, die aus größeren (nördlichen und südlichen) Breiten zum Äquator strömt, bleibt hinter der dort schnelleren Drehgeschwindigkeit der Erde zurück und weht dann nicht aus Norden oder Süden, sondern aus Nordosten oder Südosten (Nordost- bzw. Südost-Passat). Aus dem gleichen Grund strömen die Luftmassen in der Umgebung eines Tiefdruckgebietes auf der Nordhalbkugel entgegen dem Uhrzeigersinn um das Tiefdruckzentrum, auf der Südhalbkugel dagegen im Uhrzeigersinn. Durch diese Erddrehung verändert sich unsere Blickrichtung ständig: Im Osten taucht der Horizont, der unser Gesichtsfeld „nach draußen" begrenzt, scheinbar immer weiter ab und gibt so den Blick auf neue Himmelsregionen frei, im Westen dagegen steigt er ständig höher und versperrt den Blick wieder. Unsere Sprache hat diesen Wandel des Weltbildes allerdings verschlafen, denn wir sagen immer noch, dass die Sonne (oder irgendein anderes Gestirn) auf„geht", wenn es im Osten sichtbar wird, und unter„geht", wenn der Horizont es wieder bedeckt.

Verbindet man Süd- und Nordpunkt miteinander, so führt diese Linie durch den Zenit (den Punkt genau senkrecht über einem Beobachter) und trennt den sichtbaren Himmelsausschnitt in eine östliche und eine westliche Hälfte; weil die Sonne diese Linie genau am Mittag überquert, wird sie Mittagslinie oder Meridian genannt. Auch die Verbindung zwischen Ost- und Westpunkt, die den Himmel in eine nördliche und südliche Hälfte

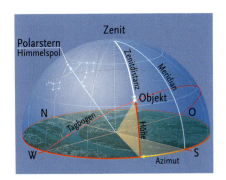

Das Prinzip der Koordinaten Azimut und Höhe

unterteilt, hat einen besonderen Namen: Dies ist der Erste Vertikal. Wer schon einmal in der Karibik oder gar in den Tropen Urlaub gemacht hat, wird vielleicht bemerkt haben, dass die Sonne dort morgens viel steiler aufsteigt und abends entsprechend steiler zum Horizont sinkt als bei uns. Dies hängt mit der Kugelgestalt der Erde zusammen, die einen Beobachter in äquatornahen Regionen anders unter dem Himmel herumdreht als in mittleren Breiten oder gar an den Polen, wo man immer den gleichen Himmelsausschnitt sieht.

Azimut und Höhe

Um die Position eines Gestirns am Himmel anzugeben, können die beiden Koordinaten Höhe und Azimut verwendet werden. Die Höhe eines Gestirns wird vom Horizont (h=0°) gemessen, der Scheitelpunkt oder Zenit weist die Höhe +90° auf. Der Horizont- oder Azimutwinkel eines Gestirns wird innerhalb der Astronomie von Süden (A=0°) über Westen (90°), Norden (180°) und Osten (270°) gezählt. Bei der Navigation hingegen beginnt die Zählung im Norden mit A=0°.

ASTRONOMIE AM TAG

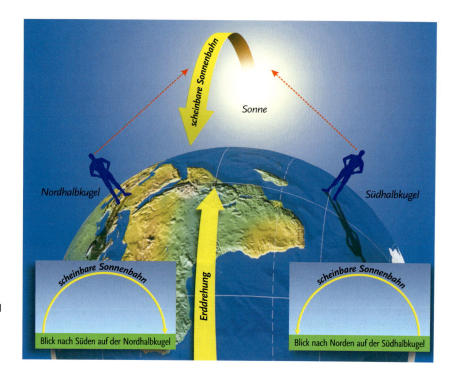

Von der Südhalbkugel aus betrachtet, scheinen alle Gestirne am Himmel „falsch herum" zu laufen.

Himmel verkehrt?
Noch weiter südlich scheint die Sonne sogar „verkehrt herum" über den Himmel zu laufen: Wenn für einen Beobachter auf der Südhalbkugel der Erde (genauer: südlich der momentanen Sonnenposition) die Sonne wie gewohnt mittags ihre größte Höhe erreicht, dann sinkt sie von dort nach links zum Horizont und nicht – wie bei uns – nach rechts! Natürlich dreht sich die Erde auf der Südhalbkugel nicht anders herum, man blickt nur anders herum auf den Himmel – im Vergleich zu einem Beobachter auf der Nordhalbkugel nämlich rückwärts.
Man kann sich diese Umkehrung an einem Beispiel klar machen. Die Verhältnisse bei uns (auf der Nordhalbkugel) entsprechen einer Situation, bei der man an einer Verkehrsampel steht und den Querverkehr auf einer von links nach rechts kreuzenden Einbahnstraße betrachtet: Alle Fahrzeuge bewegen sich von links (Osten) über die Kreuzung (Süden) nach rechts (im Westen). Steht man dagegen auf der anderen Seite der Kreuzung (auf der Südhalbkugel der Erde), dann sieht man alle Fahrzeuge von rechts (immer noch Osten!) über die Kreuzung (jetzt im Norden!) nach links (immer noch Westen!) fahren. Osten und Westen bleiben erhalten, denn die Sonne geht nach wie vor im Osten auf und im Westen unter, und auch die Fahrt-

PHÄNOMENE DES ALLTAGS

richtung (Drehrichtung der Erde) bleibt unverändert von Westen nach Osten: Was sich ändert, ist lediglich die Blickrichtung des Beobachters.

Und sie bewegt sich doch...

Die Sonne geht zwar jeden Morgen im Osten auf (und abends im Westen wieder unter), aber keineswegs immer zur gleichen Zeit und auch nicht stets an der gleichen Stelle: Mitte/Ende Dezember taucht sie erst recht spät im Südosten auf, wandert in einem flachen Bogen über den Horizont und verschwindet schon „kurz nach Mittag" wieder im Südwesten, während sie ein halbes Jahr später frühmorgens im Nordosten sichtbar wird, in hohem Bogen über den Himmel zieht und erst „kurz vor Mitternacht" weit im Nordwesten versinkt. Was die Menschen bis in die Zeit der frühen Hochkulturen zu alljährlichen Opfergaben veranlasste, mit denen die Sonne zur Umkehr gebracht werden sollte, präsentiert sich seit rund 500 Jahren als bloße Folge einer weiteren Bewegung der Erde: Der Planet, auf dem wir leben, dreht sich nicht nur einmal alle 23 Stunden, 56 Minuten und 4,09 Sekunden (= 1 Sterntag) einmal um seine Achse, sondern wandert innerhalb eines Jahres auch noch einmal um die Sonne.

Schiefe Achse

Allerdings steht die Drehachse nicht senkrecht auf der Bahn, sondern ist um etwa 23,°45 geneigt. Die Verlängerung der Drehachse zeigt immer in die gleiche Richtung. Das wiederum führt dazu,

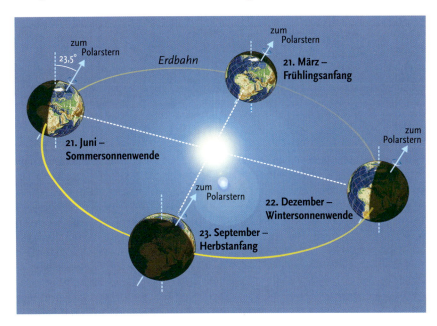

Die Jahreszeiten entstehen durch die gekippte Erdachse und die Bewegung der Erde um die Sonne.

dass zum Beispiel die Nordhalbkugel der Erde mal stärker zur Sonne hin geneigt ist (dann ist bei uns Sommer und auf der Südhalbkugel der Erde entsprechend Winter), ein halbes Jahr später dagegen stärker von ihr weg gerichtet ist (Nordwinter = Südsommer). Der maximale Winkel wird zu den Zeiten der Sonnenwenden erreicht, also um den 21. Juni (Sommersonnenwende) und um den 22. Dezember (Wintersonnenwende). Die Sonne wandert an diesen Tagen für Orte, die auf 23,45 Grad nördlicher (bei der Sommersonnenwende) oder südlicher Breite (bei der Wintersonnenwende) liegen, durch den Zenit. Dazwischen gibt es zwei Termine, an denen die Sonne genau über dem Äquator der Erde steht: Um den 21. März kreuzt sie den Äquator nach Norden (Frühlings-Tagundnachtgleiche), um den 23. September dagegen in südlicher Richtung (Herbst-Tagundnachtgleiche). Dagegen ist die Ellipsenform der Erdbahn für die Entstehung der Jahreszeiten nicht verantwortlich. Es stimmt zwar, dass der Abstand der Erde von der Sonne im Laufe eines Jahres zwischen 147,1 Millionen Kilometern und 152,1 Millionen Kilometern schwankt, doch befindet sich unser Planet ausgerechnet Anfang Januar im sonnennächsten Bahnpunkt (dem Perihel) und Anfang Juli im Aphel (sonnenfernster Bahnpunkt). Außerdem beträgt die Schwankung relativ zur mittleren Entfernung Sonne-Erde, der so genannten Astronomischen Einheit (AE) von rund 149,6 Millionen Kilometern, lediglich +/– 1,7

Prozent, so dass die Intensität des Sonnenlichtes im Aphel (sonnenfernster Bahnpunkt) nur um etwa sieben Prozent geringer ist als im Perihel – zu wenig, um den jahreszeitlichen Temperaturwechsel erklären zu können. Außerdem müssten die Jahreszeiten dann auf der Nord- und Südhalbkugel zeitgleich ablaufen und nicht um ein halbes Jahr gegeneinander verschoben.

Die scheinbare Wanderung der Sonne

Wenn dieses jährliche Auf und Ab der Sonne wirklich das Ergebnis der Erdbewegung um die Sonne ist, dann sollten wir die Sonne zu unterschiedlichen Jahreszeiten auch vor einem wechselnden Hintergrund sehen. Zwar sind die Sterne tagsüber mit bloßem Auge in der Regel nicht zu erkennen, aber sobald wir unsere Beobachtungszeiten in die Dämmerungsphasen ausdehnen, wird diese scheinbare Wanderung der Sonne durch die Sternbilder der Ekliptik – zumindest indirekt – deutlich: Dann nämlich können wir beobachten, dass die Sternbilder der Ekliptik nacheinander vom aufgehellten Abendhimmel (Blickrichtung West, also zum Sonnenuntergang hin) verschwinden und nach einer mehrwöchigen Phase der Unsichtbarkeit am Morgenhimmel vor Sonnenaufgang wieder auftauchen. Vor dem Verblassen steht die Sonne rechts (westlich) vom jeweiligen Sternbild, beim Wiederauftauchen dagegen links (östlich) – die Sonne muss also in der Zwischenzeit dieses Sternbild durchquert haben.

PHÄNOMENE DES ALLTAGS

Der Betrag der Zeitgleichung (gelb) setzt sich aus mehreren Komponenten (rot und weiß) zusammen.

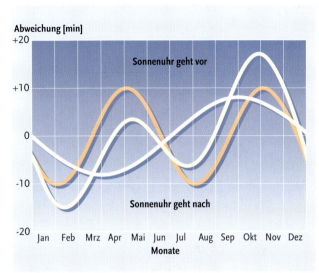

Aufgrund dieser Wanderung der Erde um die Sonne sehen wir die Sonne gegenüber den Sternbildern also jeden Tag ein kleines Stück nach Osten (links) wandern, im Mittel um knapp ein Grad. Dadurch muss sich die Erde jeden Tag ein kleines Stück mehr als genau einmal um ihre Achse drehen, ehe für einen Beobachter die Sonne wieder genau im Süden steht und ein (Sonnen-)Tag vergangen ist. Ein Sonnentag dauert daher knapp vier Minuten länger als ein Sterntag, nämlich 24 Stunden. Weil die Bestimmung der Mittagszeit (= Kulmination der Sonne) einfacher ist als die Festlegung der Mitternacht, begann die Tageszählung noch bis in das 19. Jahrhundert hinein um 12 Uhr mittags.

Die irdische Uhr

In früheren Jahrhunderten richtete sich das gesamte Leben nach dem Stand der Sonne: Der Sonnenaufgang bestimmte den Tagesbeginn, die Südstellung der Sonne den Mittag und ihr Untergang den Beginn des Feierabends. Damals hatte jeder Ort seine „eigene" Zeit, denn durch die ostwärts gerichtete Drehung der Erde steht die Sonne in einer weiter östlich gelegenen Stadt früher im Süden als in einer weiter westlich gelegenen. Der Unterschied beträgt pro Längengrad vier Minuten, summiert sich also zum Beispiel zwischen Dresden und

Die Zeitgleichung

Ein Sonnentag (die Zeit von einer Sonnenkulmination bis zur nächsten) dauert im Mittel 236,56 Sternzeitsekunden länger als ein Sterntag, nämlich 24 Sonnenzeitstunden. Wer allerdings die Termine der Sonnenkulmination über das ganze Jahr verfolgt, wird eine mehr oder minder deutliche Abweichung von diesem Mittelwert beobachten: So folgen zwei Sonnenkulminationen Anfang September schon nach nur einem Sterntag und 216 Sternzeitsekunden aufeinander, Ende Dezember dagegen erst nach einem Sterntag und 256 Sternzeitsekunden. Ein Septembertag ist also um rund 40 Sternzeitsekunden kürzer als ein Dezembertag. Ursache dafür ist die wechselnde Bahngeschwindigkeit der Erde auf ihrem elliptischen Kurs um die Sonne und die Neigung der Ekliptik relativ zum Erd- bzw. Himmelsäquator. Die Differenz zwischen der wahren Mittagsstellung der Sonne und der bürgerlichen Mittagszeit (12 Uhr) wird „Zeitgleichung" genannt.

Köln auf fast 28 Minuten. Diese wahre Orts- oder Sonnenzeit wurde durch eine Sonnenuhr angezeigt; noch heute schmücken alte Sonnenuhren vielerorts manches sorgfältig restaurierte Haus aus jener Zeit.

Zeitzonen gegen das Durcheinander
Wenn man allerdings versucht, den Stand einer Sonnenuhr mit dem einer durch Funk gesteuerten Armbanduhr zu vergleichen, stellt man in der Regel eine mehr oder minder große Differenz fest: Die wahre Sonnenzeit kann – abhängig vom geografischen Standort der Sonnenuhr – um mehr als eine Stunde von der gesetzlichen Zeit abweichen. Selbst, wenn man die Ortszeitkorrektur berücksichtigt, bleibt ein Restfehler, der im Laufe eines Jahres um mehr als 30 Minuten schwankt.
Die Ortszeitkorrektur ist gleichsam der Preis dafür, dass wir mittlerweile in einer Zeitzone leben und die Uhren in Dresden die gleiche Zeit anzeigen wie in Köln. Diese Zeitzonen wurden im späten 19. Jahrhundert aufgrund einer internationalen Vereinbarung eingerichtet und legen sich – ähnlich wie Apfelsinenspalten – streifenförmig von Nord nach Süd über den Globus. Dabei überdecken sie in der Regel einen jeweils 15 Grad breiten Streifen, und die Uhrzeiten in zwei benachbarten Zonen unterscheiden sich normalerweise um eine Stunde. Deutschland, Österreich und die Schweiz sowie ihre nördlichen, westlichen und südlichen Nachbarländer gehören zur Mitteleuropä-

ischen Zeitzone (MEZ), die sich nach der Ortszeit auf dem 15. Längengrad Ost richtet; dieser Bezugs-Längengrad verläuft durch Görlitz, der östlichsten Stadt Deutschlands. Gegenüber der Weltzeit (UT, Universal Time, die Ortszeit der Sternwarte von Greenwich, England) gehen die Uhren bei uns eine Stunde vor. In der Zeit zwischen dem letzten Märzsonntag und dem letzten Oktobersonntag (Stand 2002) werden die Uhren in dieser Zone um eine Stunde vorgestellt und zeigen dann die Osteuropäische Zeit an, die uns als Mitteleuropäische Sommerzeit (MESZ) „verkauft" wird.

Die Zeitgleichung
Dass eine Sonnenuhr auch nach Berücksichtigung der Ortszeitkorrektur gleichsam „nach dem Mond", also „falsch" geht, hängt unter anderem mit der Ellipsenbahn der Erde zusammen. Dadurch bewegt sich die Erde nicht gleichmäßig schnell um die Sonne. Anfang Januar, im sonnennächsten Bahnpunkt, schafft sie pro Tag etwa ein Grad, im sonnenfernsten Punkt Anfang Juli dagegen nur 0,95 Grad. Dadurch dauert ein wahrer Sonnentag im Winter etwa 17 Sekunden länger als im Sommer. Der Unterschied summiert sich im Laufe von Wochen auf bis zu etwas mehr als acht Minuten Differenz zwischen der mittleren Sonnenzeit und der wahren, von einer Sonnenuhr angezeigten Ortszeit.
Noch ein zweiter Effekt beeinflusst diese als Zeitgleichung bezeichnete Abweichung: Eine konstante Tageslänge setzt eine gleichmäßig auf

PHÄNOMENE DES ALLTAGS

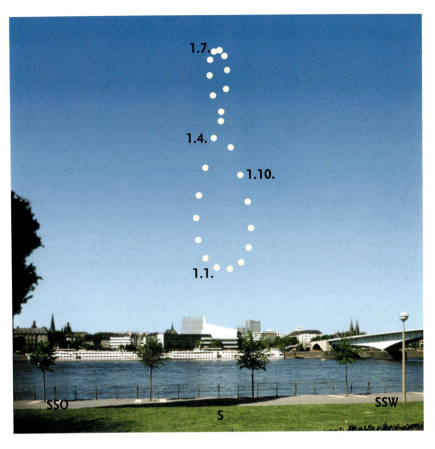

Um 12 Uhr Ortszeit steht die Sonne nicht immer genau im Süden, sondern beschreibt im Lauf des Jahres diese „Analemma" genannte Figur.

dem Himmelsäquator entlang ziehende Sonne voraus, doch in Wirklichkeit wandert die Sonne auf der Ekliptik, die um rund 23,45 Grad gegen den Himmelsäquator geneigt ist. Die Projektion der Sonnentagesstrecke auf den Himmelsäquator fällt somit je nach Jahreszeit unterschiedlich groß aus. Beide Einflüsse führen in der Überlagerung zu einer recht komplex erscheinenden Zeitgleichungskurve (siehe Seite 21), deren maximaler Wert Anfang November mit 16,35 Minuten erreicht wird. Dann steht die wahre Sonne gleichsam 16 Minuten und 21 Sekunden „zu früh" im Süden, und die Nachmittage erscheinen deutlich kürzer als die Vormittage. Gut dreieinhalb Monate später, Mitte Februar, hat sich die Mittagsstellung der Sonne um mehr als eine halbe Stunde verzögert, und jetzt erscheinen die Nachmittage deutlich länger als die Vormittage.

Warten, bis es dunkel wird

- Licht auf krummen Wegen   24
- Die Dämmerungsphasen   24
- Helle Nächte   26
- Sonnenfinsternisse   26
- Warten, bis es klar wird   27

„Nacht muss es sein, damit die Sterne leuchten", möchte man nun in Anlehnung an ein Zitat aus „Wallensteins Tod" von Friedrich Schiller ausrufen, oder auch „Die Sonne hat genug geschienen, lasst mich auch endlich Sterne sehen" (nach Goethes „Faust"), aber vor die Nacht haben die Götter die Dämmerung gesetzt. Und dabei spielt uns die Atmosphäre einen Streich, denn sie verzögert den Untergang der Sonne „unnötig."

Licht auf krummen Wegen

Könnte man genau verfolgen, wie die Sonne zum Horizont herunter sinkt, so würde man feststellen, dass sie vor dem endgültigen Versinken scheinbar langsamer wird: So rückt der untere Sonnenrand immer näher an den oberen heran, und am Ende erscheint die kreisrunde Sonne zu einer Ellipse verzerrt, ehe sie hinter dem Horizont versinkt. Ursache für diese Erscheinung ist die Licht ablenkende Wirkung der Erdatmosphäre. Da das Sonnenlicht bei streifendem Einfall schräg auf die Atmosphäre trifft und auf dem Weg zum Erdboden auf immer dichtere Luftschichten stößt, kommt es geringfügig vom geraden Weg ab, und wir sehen die Sonne zum Schluss ein Stück weit höher über dem Horizont, als sie wirklich steht. Diese „Refraktion" macht fünf Grad über dem Horizont immerhin schon ein Drittel des Sonnendurchmessers aus, unmittelbar über dem Horizont sogar mehr als ein halbes Grad – mit anderen Worten sehen wir die Sonne gerade mit dem unteren Rand den Horizont berühren, wenn sie in Wirklichkeit schon vollständig untergegangen ist. In unseren Breiten verzögert sich der Sonnenuntergang dadurch um etwa dreieinhalb Minuten.

Die Dämmerungsphasen

Aber auch danach wird es bekanntlich nicht schlagartig dunkel, da das Sonnenlicht immer noch auf die oberen Schichten der Atmosphäre über dem Beobachterstandort trifft. Wenn die Sonne etwa eine halbe Stunde nach Sonnenuntergang (die Zeiten gelten für die Tagundnachtgleichen) eine Tiefe von sechs Grad unter dem Horizont erreicht hat, passieren ihre „letzten" Strahlen den Zenitpunkt in einer Höhe von rund 35 Kilometern, wo die Atmosphäre nur noch knapp ein Prozent der Dichte am Erdboden besitzt. Dort erhellt ihr Streulicht den Himmel also nur noch auf etwa ein Prozent der normalen Taghimmelhelligkeit, und das bedeutet, dass zumindest die hellsten Sterne nun bereits sichtbar werden. Da diese Resthelligkeit gerade noch ausreicht, um ohne zusätzliche Beleuchtung die Zeitung lesen zu können, nennt man diese erste Dämmerungsphase die bürgerliche Dämmerung.

Rund 70 Minuten nach Sonnenuntergang hat die Sonne eine Tiefe von 12 Grad unter dem Horizont erreicht. Jetzt passieren ihre „letzten" Strahlen den Zenit in einer Höhe von rund 140 Kilometern, wo die Dichte der Atmosphäre auf ein Sechshundertmillionstel der Dichte am Erdboden zurückgegangen ist. Dort stört das Restlicht die Beobachtungen nun zwar nicht mehr, aber der Horizont ist immer noch deutlich aufgehellt, denn hier treffen die letzten Sonnenstrahlen jetzt in einer Höhe von 35 Kilometern auf die Atmosphäre. Weil man in dieser zweiten Dämmerungsphase also schon die hellsten Sterne sehen kann, zugleich aber auch die Horizontlinie noch erkennbar ist, konnten die Seefahrer früher während dieser Zeit ihre astronomischen Ortsbestimmungen durchführen, also die Höhe einzelner Sterne über dem Horizont messen, um daraus ihre Position auf dem Meer eingrenzen zu können – daher heißt die zweite Dämmerungsphase die nautische Dämmerung. Noch einmal 40 Minuten später – inzwischen liegt der Sonnenuntergang fast zwei Stunden zurück – ist die Sonne 18 Grad unter den Horizont gesunken. Im Zenit streifen die letzten Sonnenstrahlen die Atmosphäre jetzt in einer Höhe von etwa 330 Kilometern, wo die Dichte nur noch ein Sechzigmilliardstel des Bodenwertes besitzt. Das verbleibende Restlicht ist nun ähnlich schwach wie das unvermeidliche „Nachtleuchten" der Ionosphäre (Airglow), das entsteht, weil Elektronen, die während des Tages durch die starke Ultraviolettstrahlung der Sonne aus den Atomen herausgeschlagen wurden, sich im Laufe der Nacht wieder anlagern – ein Prozess, bei dem eine schwache Strahlung abgegeben wird. Mit anderen Worten: Dunkler kann der Himmel nicht mehr werden. Auch in der Verlängerung des Horizontes treffen die letzten Sonnenstrahlen jetzt in einer Höhe von 80 Kilometern auf die Atmosphäre, wo die Dichte nur noch ein Fünfzigtausendstel des Bodenwertes beträgt. Damit ist der Himmel auch dort dunkel genug, um Sterne der siebten Größenklasse – und damit jenseits der Grenzgröße für das bloße Auge – sichtbar werden zu lassen. Jetzt ist es endlich „richtig" dunkel, und alle mit bloßem Auge sichtbaren Sterne heben sich von einem nachtschwarzen Himmel ab: Die astronomische Dämmerung ist zu Ende.

Dämmerung – die von der Sonne beschienene Erdatmosphäre hellt den Himmel noch auf.

ASTRONOMIE AM TAG

Von Ende Mai bis Ende Juli wird es in Mitteleuropa gar nicht „richtig" dunkel; es herrscht die Zeit der hellen Sommernächte.

Helle Nächte

Wenn die Sonne 18 Grad unter dem Horizont stehen muss, damit es „astronomisch" dunkel wird, hängt es von der geografischen Breite des Beobachterstandortes und der Stellung der Sonne ab, ob dieser Zustand erreicht wird. Tatsächlich erlebt man im „hohen Norden" in den Wochen um die Sommersonnenwende das Phänomen der hellen Nächte, kann man am hellen Dämmerungsschein die Wanderung der Sonne unter dem Nordhorizont verfolgen, und zwar um so deutlicher, je näher man an den Polarkreis (bei 66,6 Grad nördlicher Breite) herankommt. Jenseits dieser Grenze steht die Sonne dann selbst um Mitternacht über dem Horizont – sie wird zirkumpolar (siehe auch Seite 40). Am Nordpol schließlich bleibt die Sonne das ganze Sommerhalbjahr über dem Horizont, wobei sie in den ersten drei Monaten auf ihrem täglichen Weg über Osten, Süden, Westen und Norden (genau genommen gibt es vom Nordpol aus nur die Himmelsrichtung „Süden") langsam an Höhe gewinnt, um in den nächsten drei Monaten ebenso langsam wieder herunter zu sinken. Zum Ausgleich herrscht während des gesamten Winterhalbjahres ewige Polarnacht, die am Anfang und am Ende durch eine mehrwöchige Dämmerungsphase etwas gemildert wird.

Sonnenfinsternisse

Gelegentlich kann es aber auch am Tag vorübergehend dunkler werden – dann nämlich, wenn der Mond auf seiner Bahn um die Erde genau zwischen Sonne und Erde hindurchzieht und als Neumond die Sonne verfinstert. Allerdings muss der Verfinsterungsgrad schon recht groß ausfallen, ehe der Helligkeitsabfall des Tageslichtes wirklich auffällt: Solange nicht mindestens die Hälfte oder gar zwei Drittel der Sonnenscheibe vom Mond abgedeckt werden, bleibt der Rückgang unmerklich. **Achtung: Auch mit bloßem Auge darf man nicht ungeschützt in die Sonne blicken – zur gefahrlosen Beobachtung einer Sonnenfinsternis empfiehlt sich daher auf jeden Fall die Verwendung einer so genannten Sonnensicht- oder Finsternisbrille!**
Da Mond und Sonne am Himmel ähnlich groß erscheinen, kann der Erdtrabant die Sonne im günstigsten Fall auch vollständig abdecken: Während einer solchen totalen Sonnenfinsternis wird der Himmel für wenige Minuten sogar so dun-

kel, dass zumindest die helleren Sterne und Planeten sichtbar werden. Nicht minder beeindruckend ist der leuchtende Strahlenkranz, der dann die „schwarze Sonne" umgibt: die Sonnenkorona, deren Licht normalerweise vom Glanz der Sonne selbst überstrahlt wird. Mitunter reicht es allerdings nur für eine so genannte ringförmige Finsternis, bei der der dunkle Mond dann von einem mehr oder minder schmalen Sonnenring umgeben bleibt; in einem solchen Fall bleiben Korona und Sterne leider im zu hellen „Restlicht" verborgen. Da der Mondschatten immer nur einen kleinen Ausschnitt der Erdoberfläche bedeckt, sind Sonnenfinsternisse von einem gegebenen Ort aus seltener zu beobachten als Mondfinsternisse (siehe Seite 97): So stehen im deutschsprachigen Raum in den ersten beiden Jahrzehnten des 3. Jahrtausends zwar 16 Mondfinsternisse (davon acht totale) auf dem Programm, aber nur sechs Sonnenfinsternisse, die bei uns allesamt partiell ablaufen.

Warten, bis es klar wird

Doch selbst ein dunkler Himmel bietet noch keine Gewähr für die erhofften „Sternstunden", denn allzu oft durchkreuzt die Atmosphäre unsere Erwartungen mit einem letzten, aber entscheidenden Strich: Wolken, Dunst oder Nebel versperren den Blick nach draußen. Langjährige Statistiken zeigen, dass in unseren Breiten nicht einmal in jeder dritten Nacht die Sterne zu sehen sind, und allenfalls 50 Näch-

te im Jahr präsentieren einen „astronomisch brauchbaren" Himmel. Wer nicht so lange warten möchte, oder wem klare Winternächte zu kalt erscheinen beziehungsweise klare Sommernächte zu spät beginnen, braucht dennoch nicht auf einen ungetrübten Sternhimmel zu verzichten: In manchen großen (und etlichen kleineren) Städten kann man sogar tagsüber und selbst bei Regenwetter den Großen Wagen, den Orion oder auch die Sterne sehen, die normalerweise vom Glanz der Sonne überstrahlt werden. Zugegeben – es sind künstliche Sterne, doch die Illusion, die moderne Planetarien heute bieten, ist nahezu perfekt, wesentlich besser jedenfalls als manche „virtuelle Welt" im Cyberspace: Selbst das Flimmern der Sterne kann inzwischen simuliert werden. Darüber hinaus lässt sich ein solches Planetarium als Zeitmaschine nutzen; lässt sich doch der Anblick des Sternhimmels zur Zeit der Raubritter ebenso darstellen wie zur Zeit der alten Ägypter oder zu Lebzeiten von „Ötzi"; ebenso kann man per Knopfdruck auf die Südhalbkugel der Erde reisen und das Kreuz des Südens bestaunen oder die Polarnacht im ewigen Eis der Antarktis im Zeitraffer erleben. Gerade die Zeitrafferfunktion hilft, astronomische Abläufe, die mitunter Wochen, Monate oder gar Jahre dauern, deutlich und damit nachvollziehbar und verständlich werden zu lassen. Eine Liste der größeren Planetarien im deutschsprachigen Raum finden Sie im Service-Teil auf Seite 191.

Astronomie bei Nacht

Beobachtungen mit bloßem Auge

- Ein Blick zum Nachthimmel 30
- Die ersten Sternbilder 33
- Die Ekliptiksternbilder 33
- Die Wintersternbilder 35
- Die Frühlingssternbilder 37
- Die Sommersternbilder 38
- Die Herbststernbilder 39
- Die Zirkumpolarsternbilder 40
- Das Band der Milchstraße 42

Ein Blick zum Nachthimmel

Mit fortschreitender Dämmerung kann man verfolgen, wie sich immer mehr Lichtpunkte gegen den zunehmend dunkler werdenden Himmel abzeichnen: zuerst die hellsten Sterne – und mit ihnen vielleicht sogar ein Planet –, dann auch weniger helle Objekte. Wer schon in dieser frühen Phase die Sterne zuordnen will, tut gut daran, sich anhand einer drehbaren Sternkarte mit den Sternbildern und ihrer aktuellen Stellung am frühen Abendhimmel vertraut zu machen. Dagegen fällt die Orientierung, also die Zuordnung der Himmelsrichtungen, zumindest anfangs noch recht leicht, denn in der ersten Stunde nach Sonnenuntergang kann man die Richtung, in der die Sonne hinter dem Horizont ver-

Ein Phänomen, das besonders im Sommer und in nördlichen Breiten auftritt: nachtleuchtende Wolken.

schwunden ist, einfach an der Aufhellung des Himmels erkennen. Diese Richtung entspricht ungefähr dem Blick nach Westen, im Winterhalbjahr eher Südwesten, im Sommerhalbjahr eher Nordwesten. Wer nach Westen schaut, hat linker Hand Süden und rechter Hand Norden. Den Polarstern findet man somit bei ausreichender Dunkelheit – vielleicht eine Stunde nach Sonnenuntergang – rechts von der Richtung zur untergegangenen Sonne. Im Gegensatz zu den übrigen Sternen und Sternbildern wird er dort auch den Rest der Nacht über verweilen, denn der Polarstern steht immer an (fast) genau derselben Stelle, da die Erdachse (fast) genau in seine Richtung zeigt.

Alles dreht sich
Das Auffinden der übrigen Sternbilder bereitet vor allem Anfängern oft große Schwierigkeiten. Schuld daran ist zum einen die Drehung der Erde, die den Sternhimmel im Laufe einer Nacht vor unseren Augen rotieren lässt: Ein Sternbild, das zu Beginn der Nacht halbhoch im Südosten steht, wandert bis zur zweiten Nachthälfte in den Südwesten und kann bei einsetzender Morgendämmerung schon untergegangen sein. Ein anderes, das am Abend tief über dem Nordwesthorizont steht, verschwindet im Laufe der Nacht und steigt am nächsten Morgen im Nordosten wieder empor. Im Prinzip ist dies vergleichbar mit der Wanderung eines Stundenzeigers, der ja auch mit der Zeit seine Richtung verändert. Und tatsächlich kann man

mit etwas Übung aus der Stellung der Sternbilder zumindest ungefähr die Uhrzeit ablesen.
Erschwert wird dies allerdings durch die Bewegung der Erde um die Sonne, denn diese sorgt dafür, dass ein bestimmtes Sternbild nicht immer zur gleichen Zeit in gleicher Blickrichtung steht. Will man zum Beispiel das Sternbild Orion nahe seiner höchsten Stellung am Südhimmel beobachten, so muss man Mitte Oktober um 4 Uhr aufstehen; Mitte Dezember erreicht er die gleiche Richtung schon um Mitternacht und Mitte Februar sogar bereits um 20 Uhr. Sucht man den Orion dagegen immer zur gleichen Zeit (zum Beispiel um 20 Uhr), dann muss man Mitte

Das Äquatorsystem

Die Position eines Objektes am Himmel (z. B. Stern, Planet, Galaxie) kann – genau wie auf der Erde – mit zwei Koordinaten angegeben werden. Auf der Erdoberfläche sind dies die geografische Länge und Breite, am Himmel werden diese Koordinaten Rektaszension und Deklination genannt.
Die Rektaszension wird mit dem griechischen Buchstaben alpha (α) abgekürzt und wird vom Nullpunkt auf dem Himmelsäquator, dem Frühlingspunkt, aus in Richtung Osten gezählt. Zähleinheiten sind Stunden, Minuten und Sekunden. Die Deklination delta (δ) beschreibt den Winkelabstand des Objektes vom Himmelsäquator nach Norden (positiv gezählt) oder nach Süden (negativ). Unter der Angabe von α und δ lässt sich so der Ort jedes einzelnen Himmelsobjektes erfassen und in Katalogen oder Atlanten angeben.

Dezember nach Osten blicken, Mitte Februar nach Süden und Mitte April an den Westhorizont. Im Prinzip geht die „Sternenuhr" jeden Tag rund vier Minuten vor. Dies ist, wie vorhin bereits beschrieben, die Differenz zwischen Stern- und Sonnentag. Pro Monat werden daraus etwa zwei Stunden und in einem Jahr genau ein Tag. Daher ändert sich der Anblick des Sternenhimmels im Laufe von drei Monaten (sechs Zeitstunden Differenz) völlig, und man spricht von einem Frühlings-, Sommer-, Herbst- und Wintersternhimmel.

Die Helligkeiten der Sterne
Dass die Sterne am Himmel nicht alle gleich hell sind, fällt jedem Betrachter sofort auf: Neben einigen wenigen „Glanzlichtern" gibt es zahlreiche lichtschwächere Punkte, die in ihrer Gesamtheit die Sternbilder ausmachen. Zur Angabe der Sternhelligkeiten benutzen die Astronomen ein System, dessen Grundzüge bereits vor mehr als 2100 Jahren von dem griechischen Astronomen Hipparch geschaffen wurden: Er teilte die Sterne in die Klassen 1 bis 6 ein, wobei die hellsten Sterne der ersten Größenklasse zugeordnet wurden, die schwächsten der sechsten – ein System, wie es noch heute bei den Schulnoten verwendet wird.

Mitte des 19. Jahrhunderts entwickelte der englische Astronom Norman Robert Pogson auf der Grundlage dieser recht subjektiven Einteilung eine objektivierbare Helligkeitsskala und legte dabei fest, dass ein Helligkeitsverhältnis von 1:100 einer Größenklassendifferenz von 5 entspricht – von einem Stern erster Größenklasse erhalten wir also hundertmal mehr Licht als von einem Stern der sechsten Größenklasse. Dabei zeigte sich, dass von den hellsten Sternen und Planeten noch deutlich mehr Licht bei uns ankommt als von einem Stern der ersten Größe, und so musste das

Der Äquatorring der Sternbilder

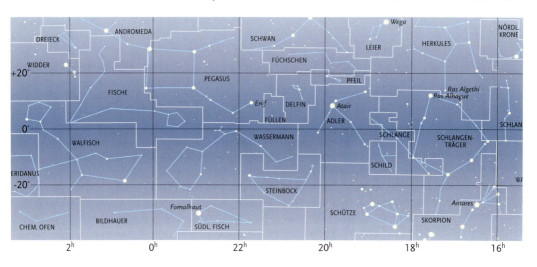

BEOBACHTUNGEN MIT BLOSSEM AUGE

System der Größenklassen in den negativen Bereich fortgesetzt werden. Als Einheit für die Angabe der Helligkeit wurde schlicht der lateinische Ausdruck für Größenklasse, das Magnitudo, festgelegt. Man verwendet ein kleines hochgestelltes „m" (ähnlich der Minute bei Zeitangaben). Sirius, der hellste Fixstern am irdischen Himmel, hat die Helligkeit −1,^{m}5, Venus erreicht im größten Glanz −4,^{m}7, die mittlere Helligkeit des Vollmondes liegt bei −12,^{m}6 und die der Sonne bei −26,^{m}7. Mit dem bloßen Auge erkennt man im besten Fall Sterne bis 6^m, mit dem Fernglas etwa 8^m, und mit einem mittleren Amateurteleskop kommt man bis 13^m. Professionelle Großteleskope erreichen mittlerweile fast 30^m.

Die ersten Sternbilder

Vielleicht ist es für das Auffinden der Sternbilder hilfreich, sich die Reihenfolge der Sternbilder im Bereich des Himmelsäquators einzuprägen, so wie man die Abfolge der Ziffern auf einer Uhr „auswendig" kennt (s. Abbildungen unten). Der Himmelsäquator ist die Projektion des Erdäquators an die Himmelskugel und steht in Mitteleuropa in Südrichtung halbhoch am Himmel. Auf das bereits genannte Wintersternbild Orion folgen in Richtung Osten (also nach links) der Kleine Hund (mit dem Hauptstern Prokyon), der Löwe (mit Regulus), die Jungfrau (mit Spica), der Schlangenträger (ohne auffallend hellen Stern), der Adler (mit Atair), die Fische und schließlich der Walfisch (beide ohne hellere Sterne).

Die Ekliptiksternbilder

Eine besondere Stellung unter den 88 Sternbildern am Himmel nehmen die Ekliptik- oder Tierkreissternbilder ein. Durch sie wandern Sonne, Mond und alle Planeten.

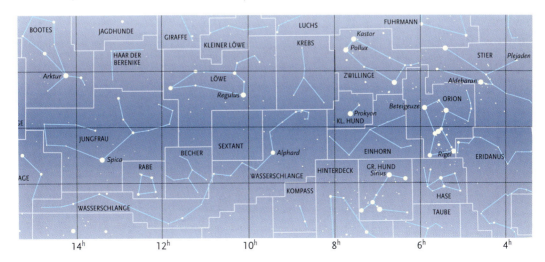

Außerdem sind uns die Namen dieser Sternbilder von den „Sternzeichen" her bekannt.
Beginnen wir bei den Zwillingen, wo die Sonne zur Zeit der Sommersonnenwende ihre größte Höhe erreicht (und die deshalb am Winterhimmel besonders auffällig sind): Dieses Ekliptiksternbild enthält mit Kastor und Pollux gleich zwei helle Sterne; die himmlischen Zwillinge lassen sich übrigens einfach auseinander halten: Kastor – mit einem „o" in der zweiten Silbe – ist der obere, Pollux – mit einem „u" in der zweiten Silbe – der untere. Nach Osten hin schließt sich der unscheinbare Krebs an, gefolgt vom Löwen (mit Regulus) und der Jungfrau (mit Spica). Auch die Waage ist nicht sehr auffällig – ganz im Gegensatz zum Skorpion, der mit dem rötlichen Antares bei uns am Frühsommerhimmel leider nur tief über dem Südhorizont zu finden ist. Weiter südlich – in der Karibik oder gar in den Tropen – präsentiert sich der Skorpion mit seinem aufgestellten Stachel als eindrucksvolles Sternbild, dessen Ähnlichkeit mit dem natürlichen Vorbild ganz frappierend ist. Nun durchquert die Ekliptik das Sternbild Schlangenträger; dieses „13. Ekliptiksternbild" lässt man gerne unter den Tisch fallen, da es nicht zum klassischen Tierkreis zählt. Nach Osten hin schließt sich der Schütze an; seine helleren Sterne lassen sich mit etwas Phantasie zu den Umrissen einer kleinen Teekanne verbinden, die bei uns in den Sommermonaten flach über dem Südhorizont schwebt. Dort, wo der Tee nach rechts aus der Kanne herausfließt, kann man von einem dunklen Standort aus eine etwas hellere Milchstraßenwolke erkennen – in dieser Richtung liegt auch das Zentrum der Milchstraße. Die nächsten drei Ekliptiksternbilder enthalten kaum hellere Sterne

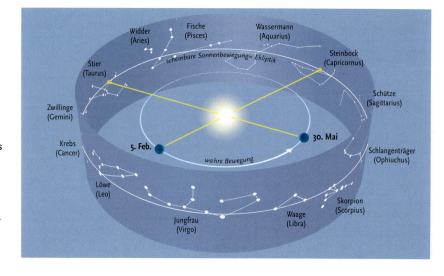

Innerhalb eines Jahres durchquert die Sonne den Tierkreis. In dessen Nähe halten sich auch der Mond und alle Planeten auf, da sie in etwa in der gleichen Ebene um die Sonne kreisen wie die Erde.

BEOBACHTUNGEN MIT BLOSSEM AUGE | 35

Der Wintersternhimmel ist besonders reich an hellen Sternen. Hier befindet sich (links unten im Bild) auch Sirius, der hellste Stern des Fixsternhimmels. Das noch hellere Objekt links oben ist der Planet Jupiter, der sich zum Aufnahmezeitpunkt im Sternbild Zwillinge befand. Ebenso vertreten ist der Ringplanet Saturn im Sternbild Stier.

und sind daher wenig auffällig: Der Steinbock, der Wassermann und die Fische markieren den Sonnenlauf in den ersten Monaten des Jahres, und so sind sie – wenn auch mit Mühe – im Herbst am Abendhimmel zu finden. Mit dem Widder und dem Stier, der neben dem hellen, rötlichen Aldebaran auch noch den Sternhaufen der Plejaden enthält, schließt sich der Kreis, denn die Hörner des Stiers grenzen (unterhalb des Fuhrmanns) an die Füße der Zwillinge.

Die Wintersternbilder

Der Orion wird seit Menschengedenken mit einer Riesengestalt am Himmel identifiziert. Die Babylonier des Zweistromlandes sahen dort vor mehr als 4000 Jahren den Riesen SIPA.ZI.AN.NA, aus dem später, bei den Griechen der Antike,

ASTRONOMIE BEI NACHT

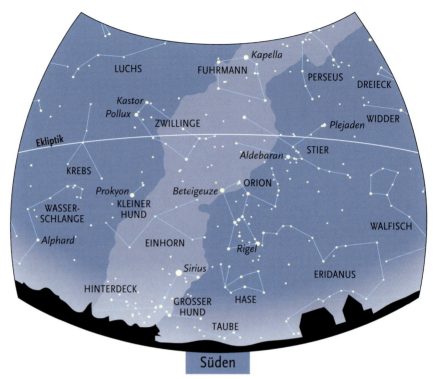

Der Wintersternhimmel

unser Himmelsjäger Orion wurde. Mit seinen drei Gürtelsternen, dem rötlichen Schulterstern Beteigeuze und dem weißlichen Fußstern Rigel ist er auch für Anfänger leicht zu erkennen.
Rund um den Orion gruppiert sich das so genannte Wintersechseck aus den hellen Sternen Kapella (im Fuhrmann), Aldebaran (im Stier), Rigel (Orion), Sirius (im Großen Hund), Prokyon (im Kleinen Hund) und Pollux (in den Zwillingen), das für den strahlenden Glanz der klaren, kalten Winternächte verantwortlich ist. Unterhalb vom Orion kauert der Hase, und unweit von Rigel, dem rechten Fußstern des Orion, entspringt der Fluss Eridanus und schlängelt sich in weitem Bogen zunächst nach Westen, dann nach Süden, wo er – für uns weit jenseits des Horizontes – den Mündungsstern Achernar erreicht. Zwischen dem Großen Hund mit Sirius, dem hellsten Fixstern am irdischen Himmel überhaupt, und dem Kleinen Hund mit Prokyon, zieht das Fabelwesen Einhorn am Himmel entlang, das, wenn überhaupt, nur schwierig zu finden ist. Östlich vom Großen Hund ragen noch einige Sternbilder des Südhimmels knapp über den Horizont: das Hinterdeck (des Schiffes Argo), der Kompass und die unscheinbare Luftpumpe. Wegen der geringen Höhe bleiben deren Sterne aber oft in den horizontnahen Dunstschichten verborgen.

BEOBACHTUNGEN MIT BLOSSEM AUGE

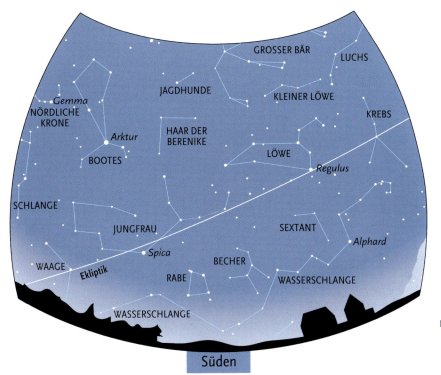

Der Frühlingssternhimmel

Die Frühlingssternbilder

Der Löwe mit seinem Hauptstern Regulus leitet den Reigen der Frühlingssternbilder ein. Regulus markiert gleichsam den Griff einer kleinen Sichel, die – nach rechts hin offen – leicht zu erkennen ist. Diese Sichel zeichnet den Umriss des Löwenkopfes nach, der nach Westen (rechts) blickt; die Umrisse des übrigen Sternbilds lassen sich mit etwas Phantasie als lang gestreckter Körper deuten. Entweder lauert der König der Tiere auf Beute, oder er hat seine Mahlzeit bereits hinter sich und döst friedlich vor sich hin. Über dem Löwen kauert der Kleine Löwe, unterhalb vom Löwen erstreckt sich die lange Wasserschlange zusammen mit drei weiteren, unscheinbaren Sternbildern: dem Sextant, dem Becher und dem Raben. In dieser Himmelsregion leuchtet nur ein Stern der zweiten Größenklasse: Alphard, der „Alleinstehende", der als Hauptstern der Wasserschlange rechts unterhalb von Regulus zu finden ist.

Dem Löwen folgt die Jungfrau mit der weißlichen Spica. Gleich über der Jungfrau glitzert das Haar der Berenike, und links daneben schwebt der mächtige Rinderhirte Bootes mit seinem orangerötlichen Hauptstern Arktur, dem Bärenhüter. Schließlich fällt links neben dem Rinderhirten noch ein kleiner, halbkreisförmiger Sternbogen auf: die Nördliche Krone mit ihrem hellsten Stern Gemma, dem Edelstein.

ASTRONOMIE BEI NACHT

Der Sommersternhimmel

Die Sommersternbilder

Den Übergang zum Sommerhimmel markieren zwei gewaltige Riesen, die Kopf an Kopf über den Himmel ziehen: der Schlangenträger, und darüber der Herkules, ein Held der griechischen Sagenwelt, der kopfüber am Himmel entlangwandert. Beide Figuren enthalten nur Sterne der zweiten Größenklasse und schwächer, sind also nicht leicht zu identifizieren. Die jeweils hellsten Sterne beider Figuren markieren die Köpfe: Ras Alhague („Kopf des Riesen" [Schlangenträger]) und Ras Algethi („Kopf des Knieenden" [Herkules]).

Weiter östlich erstreckt sich das Band der Milchstraße, und hier gibt es dann auch wieder hellere Sterne. So leuchtet Wega hoch am Himmel als Hauptstern der Leier, die sich als kleiner Sternrhombus nach links unten anschließt. Links daneben segelt der Schwan mit ausgebreiteten Schwingen und dem lang gestreckten Hals weithin sichtbar über den Himmel; sein Hauptstern Deneb markiert den kurzen Stummelschwanz. Unterhalb vom Schwan folgen einige kleinere, eher unauffällige Sternbilder: Das Füchschen, der Pfeil und der Delfin, ehe mit Atair, dem Hauptstern im Adler, der dritte Eckpunkt des Sommerdreiecks erreicht ist. Von dort ist es nicht mehr weit bis zu den helleren Wolken der Milchstraße in den Sternbildern Schild und Schütze.

BEOBACHTUNGEN MIT BLOSSEM AUGE

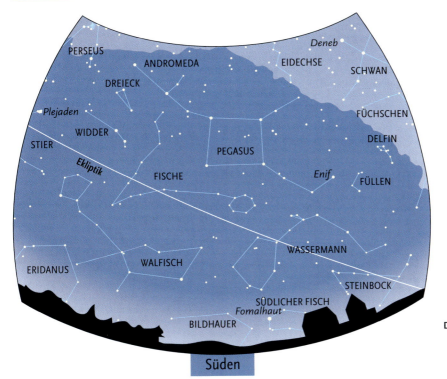

Der Herbststernhimmel

Die Herbststernbilder

Stärker noch als am Frühlingshimmel vermisst man am Herbsthimmel helle Sterne und auffällige Sternbilder. Das „Leitsternbild" ist der Pegasus, das geflügelte Ross der antiken Sagenwelt; sein mächtiger Rumpf zieht als großes Sternviereck hoch über den Himmel. An der rechten unteren Ecke schließt sich eine leicht geschwungene Sternkette an, die den Hals und den Kopf des Pferdes markiert. An der rechten oberen Ecke deutet eine weitere Sternkette die gestreckten Vorderläufe an, während die Sternkette am linken oberen Eckpunkt bereits zu einem anderen Sternbild gehört, zur Andromeda, der Tochter von Kepheus und Kassiopeia. Unterhalb von Pegasus tummeln sich die Fische – ebenfalls kein sehr auffälliges Sternbild; allenfalls der westliche der beiden Fische ist als kleine Sternellipse unter dem Pferderumpf zu erkennen. In der Verlängerung der rechten Kante des Herbst-Vierecks weiter zum Horizont funkelt einsam ein etwas hellerer Stern: Fomalhaut, der Hauptstern im Südlichen Fisch; weiter links treibt das Meeresungeheuer in Gestalt eines Walfisches sein Unwesen. Links vom Pegasus folgen mit Widder und Dreieck noch zwei kleinere Sternbilder, und den Abschluss zum nachfolgenden Winterhimmel bildet Perseus, der Held der griechischen Sagenwelt.

ASTRONOMIE BEI NACHT

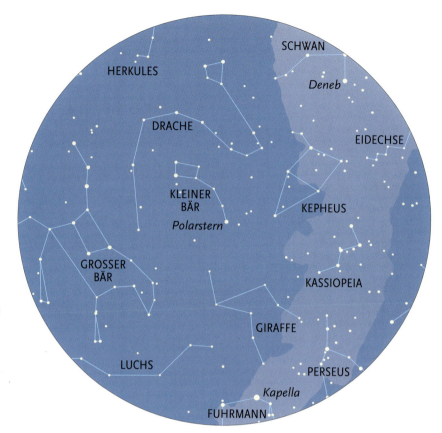

Der Sternhimmel rund um den nördlichen Himmelspol

Die Zirkumpolarsternbilder

Während alle anderen Sternbilder im Rhythmus der Jahreszeiten aufeinander folgen und mal gut zu sehen sind, dann wieder mit der Sonne am Taghimmel stehen, gibt es eine Gruppe von Sternbildern, die bei uns das ganze Jahr über am Himmel stehen. Da sie bei ihrer täglichen Drehung rund um den Himmelspol verfolgt werden können und niemals untergehen, werden sie Zirkumpolarsternbilder genannt.

Die bekannteste unter diesen Figuren ist der Große Bär, dessen hellere Sterne zum Großen Wagen zusammengefasst werden: Vier Sterne bilden den Wagenkasten, drei weitere die so genannte Deichsel, an der man den Wagen zieht oder schiebt. Mit Hilfe des Großen Wagens kann man leicht den Polarstern finden, der ganz in der Nähe des nördlichen Himmelspols steht und die Nordrichtung genauer markiert als ein Kompass. Man braucht nur die beiden hinteren Kastensterne miteinander zu verbinden und diese Linie nach „oben" (bezogen auf die Straße, auf der der Wagen rollt) zu verlängern, um in einigem

Abstand auf den Polarstern zu treffen. Je nach Jahreszeit muss man den Wagen allerdings in verschiedenen Regionen des Himmels suchen: So steht er im Winter am Abend tief am Nordosthimmel, im Frühjahr hoch am Nordosthimmel fast im Zenit, im Sommer hoch am Nordwesthimmel und im Herbst tief am Nordwesthimmel, wo er zum Gleitflug über den Nordhorizont ansetzt.

Der Polarstern ist zwar nicht der hellste Stern am nördlichen Himmel, wohl aber der hellste im Sternbild Kleiner Bär/Kleiner Wagen; er markiert die Deichselspitze des Kleinen Wagens, der sich in einem sanften Bogen Richtung Großer Wagen erstreckt.

Zwischen den beiden Bären endet der gewundene Körper des Drachen, der sich im Halbrund um den Himmelspol schlängelt. Der Drachenkopf ist unweit der hellen Wega am Sommerhimmel zu finden. Von dort erstreckt sich der Rumpf zunächst polwärts und verläuft dann in weitem Bogen um den Kleinen Bären herum, ehe er die Lücke zwischen Kleinem und Großem Bär füllt. Weiter ostwärts schließen sich die Eidechse und der Kepheus an, dessen Umrisse an die Silhouette eines windschiefen Hausgiebels erinnern. Kepheus war in der griechischen Sagenwelt der Gemahl von Kassiopeia, die ihm auch am Himmel folgt – als auffälliges Himmels-W, das im Herbst und Winter hoch am Himmel steht. Der Rest ist Schweigen, denn weder die Giraffe noch der Luchs, die als weitere Zirkumpolarsternbilder die Lücke bis zum Großen Wagen füllen, enthalten hellere Sterne, die ein Auffinden am Himmel erleichtern würden.

Der Polarstern steht nicht genau am Himmelsnordpol, sondern vollführt einen kleinen Bogen.

ASTRONOMIE BEI NACHT

Gerade in den Sommermonaten kann man die Milchstraße besonders gut beobachten.

Das Band der Milchstraße

Von einem wirklich dunklen Standort aus kann man mit bloßem Auge nicht nur die Sterne als glitzernde Punkte am Nachthimmel sehen, sondern mitunter auch einen diffus leuchtenden Schimmer ausmachen, der sich in weitem Bogen über den Himmel spannt. Über die Natur dieses Leuchtens ist lange gerätselt worden, bis die Erfindung des Fernrohrs eine Antwort ermöglichte. Bereits Galileo Galilei erkannte die Milchstraße als Ansammlung von Sternen, die so schwach leuchten, dass sie dem bloßen Auge nicht als einzelne Sternpunkte erscheinen können.

Dieses Milchstraßenband ist nicht überall gleich auffällig. Die hellsten Sternwolken findet man in Richtung zum Sternbild Schütze, das bei uns aber nicht sehr hoch über den Horizont steigt; in südlichen Urlaubsländern dagegen „springt" einem die Milchstraße in dieser Region förmlich ins Auge. Immer noch hell genug, um zumindest fernab der großen Städte aufzufallen, ist die Milchstraßenregion im Sternbild Schwan. Der Schwan steht in den Sommer- und frühen Herbstmonaten hoch am Himmel, so dass wir die Milchstraße hauptsächlich mit dem Sommer in Verbindung bringen. Dagegen tritt die „Wintermilchstraße" zwischen den Sternbildern Fuhrmann und Großer Hund kaum in Erscheinung. Erst weiter südlich, in den Sternbildern Schiffskiel und Kreuz des Südens (am Südhimmel), wird das Milchstraßenband wieder unübersehbar. Die Bewohner der Nordhalbkugel sind also in Sachen Milchstraße ziemlich benachteiligt. Was sich aus der Form der Milchstraße über die Verteilung der Sterne und über unsere Position innerhalb des Systems aussagen lässt, wird an anderer Stelle noch detaillierter beschrieben werden.

Wandelsterne und Kollegen

- Der Mond   43
- Planeten und ihre Bewegung   48
- Sternschnuppen   55
- Künstliche Satelliten   56
- Kometen – seltene Besucher am
  irdischen Himmel   59

Der Mond

Der Mond ist unser nächster Nachbar im All und, neben der Sonne, das auffälligste Himmelsobjekt. Im Mittel trennen Mond und Erde nur rund 384.400 Kilometer voneinander, doch kann dieser Abstand zwischen rund 356.000 und 406.000 Kilometern schwanken. Aufgrund seiner geringen Entfernung ist der Mond nach der Sonne das hellste Objekt und fällt entsprechend auch dem ungeübten Betrachter auf, zumal sein ständig wechselnder Anblick und die täglich wechselnden Sichtbarkeitsbedingungen die Aufmerksamkeit auf sich ziehen. So sieht man den Mond mal als schmale Sichel am frühen Abendhimmel über dem Westhorizont, dann wieder als riesig erscheinenden Vollmond hoch am Himmel und schließlich als abnehmenden Halbmond, der am Südhorizont in der Morgendämmerung verblasst. Dazwischen liegen meist mehrere Tage, Wochen oder gar Monate, in denen man den Erdtrabanten überhaupt nicht zu Gesicht bekommt, was gar nicht einmal unbedingt nur mit dem Wetter zu tun haben muss: Weil der Mond innerhalb von rund vier Wochen einmal um die Erde wandert, steht er eben nicht jeden Abend zur gleichen Zeit an der gleichen Stelle des Himmels – er verspätet sich vielmehr im Schnitt jeden Tag um knapp eine Stunde. So kann man ihn während einer Schlechtwetterperiode leicht aus den Augen verlieren.

Die Entstehung der Mondphasen

Wollen wir also versuchen, etwas Ordnung in dieses scheinbare Durcheinander der Mondbewegung zu bringen, und ihn in Gedanken auf seinem Weg um die Erde verfolgen. Start- und Ziellinie ist die Richtung zur Sonne: Dann steht der Mond zwar unsichtbar mit der Sonne am Taghimmel, doch der Zeitpunkt dieser „Neumondstellung" lässt sich sehr genau berechnen und ist in den meisten Kalendern angegeben.

Etwa zwei Tage nach Neumond ist der Erdtrabant auf seinem Weg um die Erde weit genug aus der Blickrichtung zur Sonne gerückt, dass er als schmale Sichel am Abendhimmel sichtbar wird. Im Frühjahr, wenn die Ekliptik steil am abendlichen Westhimmel aufragt, geht der Mond dann deutlich später als die Sonne unter, im Herbst dagegen kann es bei flachem Stand der Ekliptik ein paar Tage länger dauern, ehe der Winkelabstand zur Sonne für ein Sichtbarwerden groß genug geworden ist.

Die Sichelgestalt des Mondes wird – wie die anderen Phasen auch – durch die jeweiligen Beleuchtungs-

ASTRONOMIE BEI NACHT

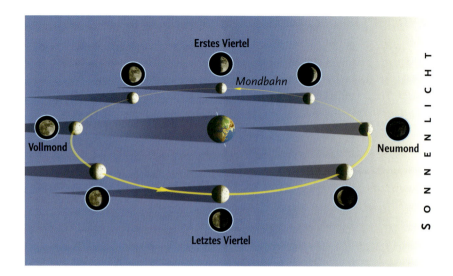

Die Entstehung der Mondphasen

verhältnisse vorgegeben. Die Mondphasen kommen nicht etwa dadurch zustande, dass die Erde ihren Schatten auf den Mond wirft (dies wäre eine Mondfinsternis, dazu später mehr). Wenige Tage nach Neumond fällt das Sonnenlicht von schräg hinten auf den Mond, wir sehen ihn fast noch im Gegenlicht. In dieser Zeit sieht man meist auch noch den eigentlich dunklen Teil des Mondes etwas aufgehellt; bei diesem „aschgrauen Licht" handelt es sich um Sonnenlicht, das von der Erde reflektiert wird und den Mond erhellt. Je weiter der Mond auf seinem Weg um die Erde sich aus der Richtung zur Sonne entfernt, desto größer wird der Anteil, den wir von der beleuchteten Hälfte des Erdtrabanten sehen – der Mond „nimmt zu". Wenn der Winkel zwischen Sonne und Mond nach gut einer Woche 90 Grad überschreitet, trifft das Sonnenlicht genau von der (rechten) Seite auf die Mondoberfläche, und wir erkennen einen (zunehmenden) Halbmond. Für die Astronomen steht der Mond dann im Ersten Viertel, denn er hat gerade erst ein Viertel seines Umlaufs bis zum nächsten Neumond hinter sich. Bei Sonnenuntergang steht der Halbmond etwa im Süden und versinkt gegen Mitternacht hinter dem Horizont. In den Tagen nach dem Ersten Viertel entwickelt der Mond scheinbar einen immer dickeren „Bauch", bis er gut zwei Wochen nach Neumond als Vollmond erscheint. In dieser Zeit ist er auch zunehmend später auf- beziehungsweise untergegangen, so dass er dann etwa bei Sonnenuntergang auftaucht und bei Sonnenaufgang wieder verschwindet – er steht der Sonne am Himmel gegenüber und stört die ganze Nacht hindurch bei der Beobachtung lichtschwacher Sterne.

Danach verzögert sich der Aufgang des Mondes immer weiter, und viele Menschen verlieren ihn nun aus den Augen. Entsprechend ungewohnt und überraschend ist der Anblick des abnehmenden Mondes um die Zeit des Letzten Viertels: Er steigt erst in den späten Abendstunden oder gar nach Mitternacht am Osthimmel empor, und die volle Rundung wölbt sich nicht mehr nach rechts, sondern nach links, denn nun trifft das Sonnenlicht von links auf den Erdtrabanten. In der letzten Woche vor der nächsten Neumondstellung rückt der Mond immer näher an die Sonne heran, schrumpft dabei zur schmalen Sichel und verblasst am Ende in der Morgendämmerung.

Die Zeit zwischen zwei Neumondstellungen, ein synodischer Monat, dauert im Schnitt etwas mehr als 29,5 Tage (genau 29 Tage, 12 Stunden, 44 Minuten und 2,9 Sekunden). Durch die elliptische Umlaufbahn des Mondes können zwei Neumondstellungen aber auch etwas schneller oder langsamer aufeinander folgen.

Wer den Lauf des Mondes durch die Sternbilder verfolgt, wird feststellen, dass der Erdtrabant etwa den gleichen Weg am Himmel wie die Sonne nimmt (die Wanderung der Sonne durch die Sternbilder lässt sich zwar nicht direkt verfolgen, ist aber anhand der Ekliptik nachzuvollziehen). Tatsächlich ist die Mondbahn lediglich um etwas mehr als fünf Grad gegen die Ekliptik geneigt. Ähnlich wie zwischen Himmelsäquator und Ekliptik gibt es zwischen Ekliptik und Mondbahn zwei Schnittpunkte, die so genannten Bahnknoten; dabei entspricht der aufsteigende Bahnknoten dem Frühlingspunkt (dem Schnittpunkt zwischen der Ekliptik und dem Himmelsäquator, an dem die Sonne den Himmelsäquator nach Norden hin überquert), der absteigende Bahnknoten dem Herbstpunkt. Auf halbem Wege dazwischen liegen die größte Nordbreite (das Gegenstück zur Sommersonnenwende) und die größte Südbreite (das Gegenstück zur Wintersonnenwende). Diese Bahnneigung führt übrigens auch dazu, dass der Erdtrabant in der Neumondstellung meist etwas oberhalb oder unterhalb der direkten Verbindungslinie Sonne-Erde entlangwandert und nur in Ausnahmefällen genau zwischen Sonne und Erde hindurch zieht, wobei dann sein Schatten auf die Erde trifft und eine Sonnenfinsternis zu beobachten ist.

Die schmale Sichel des abnehmenden Mondes. Die eigentlich dunkle Mondseite wird von der fast vollen Erde am Mondhimmel aufgehellt.

Der Vollmond im Wechsel der Jahreszeiten

Da der Vollmond jeweils der Sonne am Himmel gegenübersteht, die Sonne aber im Laufe eines Jahres recht unterschiedliche Tagbögen beschreibt, verändert sich auch der „Nachtbogen" des Erdtrabanten im jahreszeitlichen Wechsel: Im Winter zieht der Vollmond in hohem Bogen über den Himmel (und ahmt darin den Sonnenlauf im Sommer nach), im Sommer dagegen findet man ihn nur flach über dem Horizont (wie die Sonne im Winter). Das bedeutet auch, dass die Vollmondposition jeden Monat weiter östlich in einem anderen Sternbild erreicht wird. Die Zeit zwischen zwei Vollmondstellungen, der synodische Monat, dauert also etwas länger als die Zeit, die der Mond für einen Umlauf um die Erde benötigt – ein solcher Sternmonat oder siderischer Monat dauert im Schnitt rund 27,3 Tage (genau 27 Tage, 7 Stunden, 43 Minuten und 11,6 Sekunden). Bei der Rotation der Erde haben wir einen vergleichbaren Unterschied bereits kennen gelernt, denn der Sonnentag ist auch länger als der Sterntag. Leider unterliegt die Bewegung des Mondes deutlichen Störeinflüssen durch die Anziehungskräfte von Sonne und Erde. Sie führen unter anderem dazu, dass sich die räumliche Ausrichtung der Mondbahn im Laufe der Jahre verändert. Konkret heißt dies, dass die Schnittpunkte zwischen Mondbahn und Ekliptik, die Bahnknoten, innerhalb von rund 18,6 Jahren einmal durch alle Ekliptiksternbilder wandern –

die Ebene der Mondbahn vollführt also gleichsam eine Kreiselbewegung. Aufgrund dieser Drift der Mondbahnknoten wandert der Mond nicht jedes Mal auf exakt der gleichen Bahn vor den Sternen; vielmehr schwanken die jeweiligen Mondpositionen über diesen Zeitraum um mehr als zehn Grad in Deklination – ein Effekt, der vor allem bei den Vollmondstellungen deutlich wird: Fällt zum Beispiel der aufsteigende Bahnknoten mit dem Frühlingspunkt zusammen, dann wird die größte Nordbreite im Sternbild Zwillinge erreicht, und der Wintervollmond steht dann fünf Grad nördlicher als die Sonne zur Sommersonnenwende; in gleicher Weise tritt die größte Südbreite im Sternbild Schütze ein, und der Sommervollmond steht fünf Grad südlicher als die Sonne zur Wintersonnenwende. Diese Extremstellungen werden zum Beispiel in den Jahren 2006/07 und 2025 erreicht. In der „Halbzeit" dazwischen, also 2015/16, fällt der absteigende Bahnknoten mit dem Frühlingspunkt zusammen, und dann liegt die größte Südbreite im Sternbild Zwillinge, so dass der Wintervollmond fünf Grad südlicher steht als die Sonne zur Sommersonnenwende; entsprechend fällt die größte Nordbreite ins Sternbild Schütze, was den Sommervollmond fünf Grad nördlicher als die Sonne zur Wintersonnenwende über den Himmel führt. Die Veränderlichkeit der Mondbahn wird auch deutlich, wenn man verfolgt, wie der Mond an helleren, der Ekliptik nahen Sternen vorbeizieht: Mal wandert er zum Beispiel nördlich von Aldebaran, Regulus, Spica oder Antares vorbei, einige Monate oder Jahre später dagegen südlich, und gelegentlich kann er den einen oder anderen sogar bedecken.

Die Zeit zwischen zwei Durchgängen des Mondes durch den aufsteigenden Bahnknoten wird drakonitischer Monat („Drachenmonat") genannt und dauert im Schnitt rund 27,2 Tage (genau 27 Tage, 5 Stunden, 5 Minuten und 35,9 Sekunden).

Großer Mond

Vor allem bei Vollmond erscheint der auf- oder untergehende Erdtrabant oft besonders groß. Zwar bewegt sich der Mond auf einer elliptischen Bahn um die Erde und erscheint daher in Erdnähe (Perigäum) etwas größer als in Erdferne (Apogäum), doch kann dies nicht die Ursache für den großen „Horizontmond" sein, denn auch die Sonne erscheint tief über dem Horizont viel größer als hoch am Himmel. Grund dafür ist vielmehr eine optische Täuschung, die das Gehirn beim Vergleich mit „vertrauten" Umrissen die Entfernung zum Horizont falsch einschätzen lässt, so dass Mond und Sonne für größer als in Wirklichkeit gehalten werden. Aber man könnte auch die Auswirkung der elliptischen Mondbahn mit bloßem Auge verfolgen, wenn nicht die Zeitdifferenz dagegen spräche: Immerhin steht der Mond in Erdferne etwa 14 Prozent weiter entfernt als in Erdnähe, so dass sein Winkeldurchmesser um

In Erdnähe erscheint uns der Mond deutlich größer als in Erdferne.

rund ein Siebtel schwankt. Die besondere Schwierigkeit besteht allerdings darin, dass der Wechsel vom erdnahen „Großmond" zum erdfernen „Kleinmond" fast zwei Wochen dauert und man dann keine Vergleichsmöglichkeit mehr hat.

Mondfinsternisse

Hin und wieder fällt die Vollmondstellung in die Nähe eines der beiden Bahnknoten (dem Schnittpunkt zwischen Mond- und Erdbahn), und dann wandert der Erdtrabant ganz oder teilweise durch den Schatten der Erde: Wenn der Mond den Erdschatten nur streift, spricht man von einer partiellen Mondfinsternis, taucht er dagegen vollständig in den Erdschatten ein, wird die Finsternis total; dabei kann die Totalität bis zu mehr als 1,5 Stunden dauern. Da der Mond während dieser Zeit vom direkten Sonnenlicht abgeschnitten ist, sollte er eigentlich vorübergehend unsichtbar werden. Allerdings sorgt der Saum der Erdatmosphäre dafür, dass ein Teil des Sonnenlichtes am „Rand" der Erde etwas abgelenkt wird und in den Schattenbereich eindringt. Da der blaue Anteil des Sonnenlichtes auf dem Weg durch die Erdatmosphäre weitgehend herausgestreut wird, erscheint der verfinsterte Mond in einem rötlichen „Restlicht", das je nach Verschmutzung der irdischen Atmosphäre mehr oder weniger hell ausfällt. Mondfinsternisse können überall dort verfolgt werden, wo der Erdtrabant zum Zeitpunkt des Ereignisses gerade über dem Horizont steht (vorausgesetzt, das Wetter spielt mit), also von einem Gebiet, das insgesamt mehr als die Hälfte der Erdoberfläche umfasst.

Mond- und Sonnenfinsternisse wiederholen sich unter ähnlichen Bedingungen nach jeweils 18 Jahren und 10 oder 11 Tagen. Dieser schon vor mehr als 2000 Jahren bekannte Saros-Zyklus umfasst 223 synodische Monate, die bis auf eine Differenz von weniger als einer Stunde 242 drakonitischen Monaten entsprechen.

Planeten und ihre Bewegung

Außer beim Mond (und bei der Sonne) kann ein Betrachter mit bloßem Auge auch noch bei einigen weiteren Himmelsobjekten eine mehr oder minder deutliche Bewegung relativ zu den Fixsternen im Hintergrund erkennen. Diesem – in den Augen der frühen Him-

melsbeobachter – unerklärlichen Verhalten verdanken diese Objekte ihren Namen: Sie werden als Planeten bezeichnet, was sich von dem griechischen Wort für „umherirren" ableiten lässt. Neben den fünf mit bloßem Auge sichtbaren Wandelsternen Merkur, Venus, Mars, Jupiter und Saturn wurden früher auch Sonne und Mond als Planeten angesehen – die Namen der sieben Wochentage leiten sich von den Namen dieser sieben Wandelsterne der Antike ab.

Nachdem man viele Jahrtausende hindurch geglaubt hatte, die Planeten würden sich – wie auch die Sterne – auf kristallenen Sphären um die Erde als dem Mittelpunkt der Welt bewegen (geozentrisches Weltbild), setzte sich seit der Mitte des 16. Jahrhunderts das kopernikanische oder heliozentrische Weltbild durch: Es beschreibt die Bewegung der Planeten – einschließlich der Erde – auf Ellipsenbahnen um die Sonne.

Die inneren Planeten: Merkur und Venus

Natürlich hängt die Sichtbarkeit der einzelnen Planeten – wie schon beim Mond – von ihren Stellungen relativ zu Sonne und Erde ab. Beginnen wir also wieder damit, dass Merkur oder Venus – beide sind der Sonne näher als die Erde – mit der Sonne am Taghimmel stehen, und zwar genau zwischen Sonne und Erde. In diesem Fall heißt diese Stellung aber nicht Neumerkur oder Neuvenus, sondern untere Konjunktion (im Gegensatz zur oberen Konjunktion, wenn Merkur

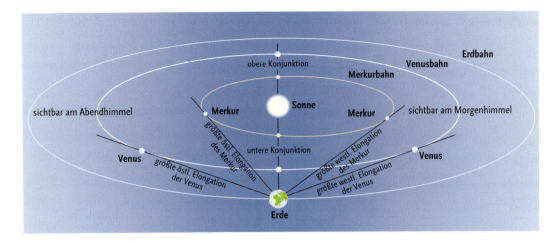

oder Venus jenseits der Sonne stehen). Zum Zeitpunkt der unteren Konjunktion bewegen sich Merkur und Venus wie Geisterfahrer auf der Ekliptik – entgegen der Hauptverkehrsrichtung, die immer von West nach Ost durch die Sternbilder führt. Entsprechend rasch vergrößert sich der Winkelabstand zwischen Sonne und Planet, so dass Merkur oder Venus schon ein paar Wochen nach der Konjunktion am Morgenhimmel auftauchen. Auf ihren sonnennahen Bahnen können sie sich allerdings am Himmel nie sehr weit von der Sonne entfernen – Merkur rückt höchstens bis auf 28 Grad nach rechts oder links von ihr ab, Venus bis auf etwa 47 Grad. Das bedeutet, dass man diese beiden Planeten immer nur in den letzten Stunden vor Sonnenaufgang am Osthimmel oder in den ersten Stunden nach Sonnenuntergang am Westhimmel beobachten kann. Merkur oder Venus sind also nie am morgendlichen Westhimmel oder am abendlichen Osthimmel oder gar um Mitternacht im Süden zu finden.

Die Beobachtung von Venus und – vor allem – von Merkur wird noch dadurch erschwert, dass die jeweiligen Maximalabstände, die so genannten größten Elongationen zur Sonne, nicht immer zu gleich günstigen Sichtbarkeitsbedingungen führen. So lassen die besonderen Bahnverhältnisse von Merkur (Neigung und Exzentrizität der Bahn) diesen sonnennächsten Planeten in unseren Breiten nur im Frühjahr am Abendhimmel oder im Herbst am Morgenhimmel jeweils für ein paar Tage oder Wochen auftauchen. Entsprechend schwierig ist Merkur vor allem für Anfänger zu finden, zumal am – schon oder noch – aufgehellten Dämmerungshimmel die für die Identifizierung hilfreichen Hintergrundsterne meist kaum zu erkennen sind.

Dagegen kann Venus eigentlich gar nicht verfehlt werden, denn sie ist nach Sonne und Mond das hellste

Die inneren Planeten Merkur und Venus können sich am irdischen Himmel von der Sonne immer nur ein Stück weit entfernen und sind daher entweder Morgen- oder Abendstern.

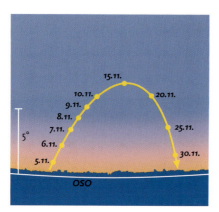

Merkur ist immer nur für einige Tage gut zu sehen.

Himmelsobjekt und fällt schon allein deshalb auf; um die Zeit des größten Glanzes (etwa fünfeinhalb Wochen vor und nach der unteren Konjunktion) wird sie sogar so hell, dass sie mit bloßem Auge am Taghimmel zu finden ist – vorausgesetzt man weiß, wo man nach ihr suchen muss.

Im Verlaufe einer Morgensichtbarkeit ziehen Merkur und Venus in einem seitlichen Bogen um die Sonne, kehren dabei ihre rückläufige Bewegung um, erreichen ihre größte Elongation und bewegen sich dann – entsprechend ihren verschiedenen Umlaufzeiten – unterschiedlich rasch wieder auf die Sonne zu. So dauert eine günstige Merkursichtbarkeit bis zu drei Wochen, eine günstige Venussichtbarkeit dagegen mehr als ein halbes Jahr. Anschließend verschwinden sie wieder im Glanz der Sonne und wandern von uns aus gesehen jenseits der Sonne vorbei (obere Konjunktion), ehe sie nach einer Phase der Unsichtbarkeit links (östlich) der Sonne am Abendhimmel auftauchen. Wieder erreichen sie dabei eine größte Elongation, werden rückläufig und streben dann erneut der Sonne entgegen, so dass die Abendsichtbarkeit ziemlich plötzlich zu Ende geht. Von außen gesehen setzen Merkur und Venus jetzt zum Überholen an, denn während der unteren Konjunktion ziehen sie auf der Innenbahn an der langsameren Erde vorbei, und ihr Abstand zur Erde schrumpft auf ein Minimum.

Der Zeitraum zwischen zwei aufeinanderfolgenden (unteren) Konjunktionen wird synodische Umlaufzeit genannt – sie ist naturgemäß länger als die Dauer eines (siderischen) Umlaufs um die Sonne, weil sich auch die Erde als Bezugspunkt um die Sonne bewegt. Interessanterweise nehmen fünf synodische Umläufe der Venus nur ein paar Tage weniger in Anspruch als acht Erdjahre, so dass sich die Sichtbarkeitsverhältnisse bei diesem inneren Nachbarplaneten der Erde alle acht Jahre nur geringfügig anders wiederholen.

Durchgang vor der Sonne
Aufgrund ihrer gegen die Ekliptikebene geneigten Bahnen wandern Merkur und Venus bei einer unteren Konjunktion – ähnlich wie der Mond bei Neumond – meist oberhalb oder unterhalb der direkten Verbindungslinie Sonne-Erde hindurch. Gelegentlich tritt eine solche untere Konjunktion aber auch dann ein, wenn der Planet gerade in der Nähe eines seiner beiden Bahnknoten steht. Dann zieht er von uns aus gesehen genau vor der Sonnenscheibe her, und es

kommt zu einem Merkur- oder Venusdurchgang. Weil die Merkurbahn näher zur Sonne verläuft, sind Merkurtransite wesentlich häufiger als Venusdurchgänge. Allein bis zum Jahr 2020 stehen vier dieser Ereignisse auf dem Kalender: Am 7. Mai 2003 (in Mitteleuropa zu verfolgen), am 8./9. November 2006, am 9. Mai 2016 (in Mitteleuropa zu verfolgen) und am 11. November 2019 (in Mitteleuropa zu verfolgen). Nach einer Pause von mehr als 120 Jahren (!) gibt es in dieser Zeit auch zwei Venusdurchgänge, nämlich am 8. Juni 2004 (in Mitteleuropa zu verfolgen) und am 5./6. Juni 2012, danach allerdings erst wieder im Jahr 2117.

WAS MAN BEOBACHTEN KANN

Ein solcher Durchgang von Merkur oder Venus vor der Sonnenscheibe kann mehrere Stunden dauern. Allerdings ist Merkur so klein, dass man ein Fernrohr benötigt, um ihn als dunklen Punkt über die Sonne wandern zu sehen. Dagegen reicht für die Venus ein kleines Fernglas. *Aber Vorsicht: Man darf weder mit dem bloßen Auge noch mit einem optischen Instrument ungeschützt in die Sonne blicken!* Vielmehr müssen für die Beobachtung eines Merkur- oder Venusdurchgangs die gleichen Vorsichtsmaßnahmen getroffen werden wie für die normale Sonnenbeobachtung oder die Beobachtung einer Sonnenfinsternis! Die sicherste Methode ist die Projektion des Sonnenbildes auf eine weiße Fläche oder der Einsatz der Sonnensichtfolie (Filterfolie) vor dem Objektiv des Fernrohrs oder

Fernglases. Einzelheiten zum Sonnenschutz siehe Seite 90 im Kapitel „Die Beobachtung der Sonne".

Die äußeren Planeten: Mars, Jupiter und Saturn

Die drei übrigen, mit bloßem Auge sichtbaren Planeten umlaufen die Sonne außerhalb der Erdbahn, und das führt zu etwas anderen Beobachtungsverhältnissen. Der wichtigste Unterschied: Diese äußeren Planeten können zwar nicht zwischen Erde und Sonne hindurchziehen, dafür aber bis auf 180 Grad von der Sonne abrücken und ihr entsprechend am Himmel gegenüberstehen – also eine Position erreichen, die der Vollmondstellung entspricht. In dieser Oppositionsstellung gehen sie etwa bei Sonnenuntergang im Osten auf, erreichen um Mitternacht im Süden ihre größte Höhe und versinken bei Sonnenaufgang wieder am Westhorizont, sind also die ganze Nacht über zu beobachten. Hinzu kommt, dass dabei der Abstand zwischen Erde und Planet auf ein Minimum schrumpft und Mars, Jupiter oder Saturn dann auch besonders hell erscheinen. Ausgangspunkt für die Beschreibung der Sichtbarkeitsbedingungen soll aber – wie gewohnt – die Konjunktion mit der Sonne sein; von der Erde aus betrachtet steht ein äußerer Planet dann jenseits der Sonne. Da die einzelnen Planeten mit unterschiedlichem Tempo auf der Ekliptik, der „Hauptverkehrsstraße" des Himmels, entlang ziehen, vergrößert sich ihr Winkelabstand zur Sonne auch verschie-

ASTRONOMIE BEI NACHT

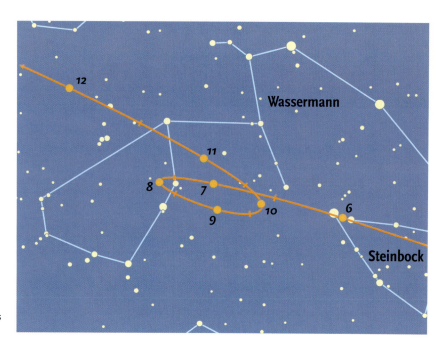

Die Oppositionsschleife von Mars, hier im Sommer 2003 im Bereich des Sternbildes Wassermann

den schnell: Mars, der im Schnitt alle 26 Monate mit der Sonne zusammenkommt, bleibt nur sehr langsam hinter ihr zurück und taucht erst einige Monate nach der Konjunktion am Morgenhimmel wieder auf. Bei Jupiter und Saturn, die bereits nach gut 13 beziehungsweise knapp 12,5 Monaten erneut mit der Sonne am Taghimmel stehen, wächst der Winkelabstand zur Sonne schneller, so dass sie schon vier bis sechs Wochen nach ihrer Konjunktion wieder sichtbar werden. In den folgenden Monaten vergrößert sich der Winkelabstand zur Sonne stetig, und damit wächst auch der Aufgangsvorsprung – die Planeten steigen schließlich schon vor Mitternacht im Osten empor und rücken ins Blickfeld der abendlichen Himmelsbeobachter. Und weil gleichzeitig der Abstand zur Erde langsam schrumpft, steigt auch die Helligkeit allmählich an.

DIE OPPOSITIONSSTELLUNG

Bislang sind die Planeten mit mehr oder minder konstantem Tempo rechtläufig, also in der üblichen Einheitsrichtung von West nach Ost, auf der Ekliptik entlanggezogen, doch nun verlangsamen sie allmählich ihre Geschwindigkeit, bleiben schließlich sogar (scheinbar) stehen und kehren ihre Bewegungsrichtung um, ziehen also rückläufig weiter. Damit wächst der Winkelabstand zur Sonne mit einem Mal deutlich schneller, und die Aufgangszeit rückt entsprechend rascher an die Sonnenuntergangszeit heran – die Oppositionszeit steht unmittelbar bevor.

Aufgrund der jeweiligen Bahnverhältnisse erreichen Mars, Jupiter oder Saturn nicht bei jeder Opposition die gleiche maximale Helligkeit. Mars zum Beispiel bewegt sich auf einer vergleichsweise stark elliptischen Bahn um die Sonne, was dazu führt, dass die Oppositionsentfernung zur Erde zwischen knapp 56 Millionen Kilometern und mehr als 101 Millionen Kilometern schwanken kann – je nachdem, ob Mars sich gerade im sonnennächsten Punkt (Perihel) oder im sonnenfernsten Punkt (Aphel) seiner Bahn befindet. Günstige Marsoppositionen folgen im Abstand von 15 oder 17 Jahren aufeinander. Nach der – besonders „engen" – Opposition im August 2003 werden Mars und Erde sich erst im Sommer 2018 wieder bis auf rund 57,6 Millionen Kilometer nähern. Bei einer derart nahen Begegnung wird Mars vorübergehend sogar heller als Jupiter und erreicht fast die Marke von −3. Größe. Bei einer ungünstigen Aphel-Opposition bleibt er dagegen rund zwei Größenklassen schwächer.

Bei Jupiter fallen die Helligkeitsschwankungen nicht ganz so groß aus, obwohl der absolute Entfernungsunterschied zwischen einer Perihel- und einer Aphel-Opposition mit etwa 75 Millionen Kilometern deutlich größer ist als bei Mars. Da Jupiter aber stets um einiges weiter entfernt ist als Mars, bleibt der relative Entfernungsunterschied geringer.

Beim Ringplaneten Saturn liegen die Verhältnisse noch einmal anders, denn hier kommt zusätzlich die Ausrichtung der Ringebene ins Spiel. Wenn wir unter einem ziemlich flachen Winkel oder gar von der Kante auf die Ringe blicken, erscheint Saturn deutlich dunkler als dann, wenn wir die Ringe unter einem eher steilen Winkel (von maximal 27 Grad) sehen können. Die – vermutlich eisbedeckten – Ringpartikel reflektieren das auftreffende Sonnenlicht besonders gut und tragen daher in einem erheblichen Maße zur Saturnhelligkeit bei.

EIN KOSMISCHES ÜBERHOLMANÖVER

Nach der Oppositionsstellung behalten die oberen Planeten ihre rückläufige, westwärts gerichtete Bewegung vor dem Hintergrund der Sterne noch eine Zeit lang bei, ehe sie erneut langsamer werden, innehalten und anschließend wieder rechtläufig weiterziehen. Damit geht die so genannte Oppositionsschleife zu Ende, deren Erklärung den geozentrisch orientierten Himmelsbeobachtern bis ins ausgehende Mittelalter großes Kopfzerbrechen bereitet hat, weil sie die Erde für den ruhenden Mittelpunkt der Welt hielten. Erst der Wechsel zum heliozentrischen Weltbild, in dem sich alle Planeten – einschließlich der Erde – um die Sonne bewegen, entlarvte diese vorübergehende Bewegungsumkehr der Planeten als lediglich scheinbaren Effekt, der nur durch gegenseitige Überholmanöver vorgetäuscht wird. Von einem Standpunkt oberhalb des Sonnensystems betrachtet, bewegen sich alle Planeten gleichmäßig gegen den Uhrzeigersinn um die Sonne, wobei die Umlaufzeit mit wachsen-

ASTRONOMIE BEI NACHT

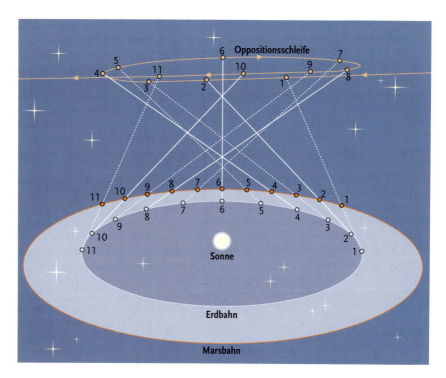

Kosmisches Überholmanöver: Die Erde läuft schneller um die Sonne als die weiter entfernten Planeten. Am Himmel scheinen diese dann eine Schleife zu ziehen.

dem Abstand zunimmt: Merkur benötigt rund 88 Tage, um die Sonne einmal zu umrunden, die Venus 225 Tage, die Erde 365,25 Tage (ein Jahr), Mars 687 Tage (22,5 Monate), Jupiter knapp 12 Jahre und Saturn etwa 29,5 Jahre. Dadurch überrundet ein innen laufender Planet seine weiter außen wandernden „Mitläufer" in mehr oder minder regelmäßigen Abständen: So wird die Erde zum Beispiel im Schnitt alle 116 Tage von Merkur und alle 584 Tage von der Venus überholt, während sie selbst alle 25,6 Monate auf der Innenbahn an Mars vorbeizieht, alle 13 Monate an Jupiter und alle 12,5 Monate an Saturn. Während eines solchen Überholmanövers vollzieht sich zwischen den Planeten das Gleiche wie zwischen zwei einander überholenden Fahrzeugen auf der Autobahn: Obwohl beide sich in der gleichen Richtung bewegen, scheint der langsamere Partner rückwärts zu fahren, denn er wird zunächst eingeholt, dann überholt und bleibt anschließend hinter dem schnelleren zurück. Anfangs- und Endpunkt der Oppositionsschleife (beziehungsweise der rückläufigen Phase eines unteren Planeten während der unteren Konjunktion) lassen sich dann leicht aus den geometrischen Verhältnissen der jeweiligen Planetenbahnen ableiten.
Während der restlichen Sichtbarkeitsperiode werden die oberen Planeten allmählich von der Sonne

eingeholt. Dadurch wird ihr „Untergangsvorsprung" immer kleiner, sie ziehen sich langsam auf die erste Nachthälfte zurück und verschwinden schließlich am Westhimmel in der Abenddämmerung, um dann im Zuge der nächsten Konjunktion hinter der Sonne herzuziehen.

Die teleskopischen Planeten: Uranus, Neptun und Pluto
Nach der Erfindung des Fernrohrs zu Beginn des 17. Jahrhunderts wurden noch drei weitere Planeten und zahllose Asteroiden (auch Kleinplaneten oder Planetoiden genannt) entdeckt, die sich ebenfalls im gleichen Drehsinn um die Sonne bewegen. Im Jahre 1781 fand der aus Deutschland stammende Wilhelm Herschel in England den Planeten Uranus, 1846 beobachtete der an der Berliner Sternwarte arbeitende Astronom Johann Gottfried Galle einen weiteren Planeten: Neptun, dessen mutmaßliche Position von dem französischen Mathematiker Urbain Jean Joseph Leverrier aus seinen Bahnstörungen auf Uranus berechnet worden war. 1930 schließlich entdeckte der Amerikaner Clyde Tombaugh den sonnenfernen Pluto. Für den Betrachter mit bloßem Auge bleiben diese „teleskopischen" Planeten – ebenso wie die seit 1801 gefundenen Asteroiden – unsichtbar, wenngleich Uranus bei günstigen Oppositionen die Grenzgröße für Beobachtungen mit bloßem Auge überschreitet: Nahe der Sichtbarkeitsgrenze bleibt er aber auf jeden Fall unauffällig; hinzu kommt, dass seine tägliche Bewegung so gering ist, dass sie dem Betrachter mit bloßem Auge erst nach einigen Wochen auffallen würde.

Sternschnuppen
Während die meisten Bewegungen am Himmel recht langsam oder gar unbemerkt ablaufen, wird man mitunter Zeuge einer ziemlich raschen Bewegung: Für Sekundenbruchteile huscht ein Lichtpunkt zwischen den Sternen hindurch und ist gleich wieder verschwunden; in seltenen Fällen ist sogar eine mehr oder minder helle Leuchtspur zu erkennen, die erst nach ein paar Sekunden oder Minuten verblasst.
Früher glaubte man, in diesem Moment würde ein Stern vom Himmel fallen, gerade so, wie es für das Ende der Welt prophezeit wurde; vielleicht rührt daher der Brauch, sich beim Aufleuchten einer solchen

Eine helle Sternschnuppe ist die Krönung eines nächtlichen Himmelsspaziergangs.

ASTRONOMIE BEI NACHT

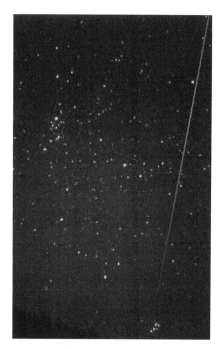

Die Passage der Internationalen Raumstation ISS (im Bereich des Sternbilds Perseus) hat eine lange Spur auf diesem Bild hinterlassen.

In manchen Nächten tauchen Sternschnuppen besonders zahlreich auf und scheinen dann, aus der gleichen Himmelsgegend kommend, über den Himmel zu fliegen. Eine Tabelle solcher Sternschnuppenströme ist auf Seite 124 im Absatz „Die Beobachtung von Meteoren" zu finden.

Sternschnuppe etwas wünschen zu dürfen – gleichsam als „letzten" Wunsch. In Wirklichkeit kündet ein solcher Lichtblitz aber vom plötzlichen Ende eines kleinen, etwa stecknadelkopfgroßen Staubkorns, das auf seinem Weg um die Sonne die Bahn der Erde gekreuzt hat und beim Eindringen in die Erdatmosphäre verglüht. Allerdings sehen wir nicht das glühende Staubkorn, sondern den Luftkanal in etwa hundert Kilometern Höhe, den das Teilchen während des Verglühens durchquert hat. Durch die Reibungshitze werden die umgebenden Luftmoleküle zum Leuchten angeregt. Astronomen nennen diese Leuchterscheinung Meteor und das Teilchen, das dabei verglüht, Meteoroid.

Künstliche Satelliten

Wer den nächtlichen Sternhimmel regelmäßig betrachtet und sich ein wenig unter den Sternbildern auskennt, wird hin und wieder auch einen zunächst unbekannten Lichtpunkt erspähen, der lautlos und mit beachtlichem Tempo gleichmäßig über den Himmel zieht. Dahinter verbirgt sich allerdings kein UFO, sondern ein künstlicher Satellit, der die Erde in einigen hundert Kilometern Höhe umrundet und dort oben noch vom Sonnenlicht getroffen wird, während hier unten schon die dunkle Nacht begonnen hat.

Zu den auffälligsten Exemplaren gehört die Internationale Raumstation ISS. Sie umrundet die Erde auf einer Bahn, die im Prinzip über alle Orte zwischen 51,6 Grad nördlicher und südlicher Breite hinwegführt. Für einen Umlauf um die Erde benötigt die Station etwa 92,3 Minuten; das heißt aber nicht, dass sie entsprechend oft über einen bestimmten Beobachtungsort hinwegfliegt, denn nach gut anderthalb Stunden hat sich die Erde ein beträchtliches Stück weiter nach Osten gedreht, und so ist die Raumstation bei jedem Umlauf entsprechend weiter westlich zu verfolgen. Zum Glück ist die Bahnhöhe von etwa 385 Kilometern groß genug, dass man die Station auch noch aus einer Entfernung von rund 1000 Kilometern gut erkennen kann – sie muss also nicht genau über den eigenen Beobachtungsort hinwegziehen.

Trotzdem ist längst nicht jeder Überflug der Raumstation oder eines anderen Satelliten zu verfolgen. Damit ein Satellit als leuchtender Punkt sichtbar wird, muss er selbst noch von der Sonne beschienen werden, während es am Ort des Betrachters schon ziemlich dunkel sein muss. Für die Internationale Raumstation bleibt diese Bedingung für einen direkten Überflug erfüllt, so lange die Sonne nicht tiefer als etwa 18 Grad unter dem Horizont steht. Um die Zeit der Sommersonnenwende wird diese Bedingung die ganze Nacht über erfüllt, im Herbst, Winter und Frühjahr dagegen nur für jeweils rund zwei Stunden nach Sonnenuntergang und vor Sonnenaufgang. Gibt man sich dagegen mit einem weiter entfernten Überflug zufrieden, bei dem die Station nur am Horizont auftaucht und dann in den Schatten der Erde eindringt, darf die Sonne auch etwas tiefer unter dem Horizont stehen.

Vorhersagen im Internet

Da die Bahn eines jeden Satelliten im Laufe der Zeit Veränderungen unterliegt, ist eine langfristige Vorhersage von Sichtbarkeiten kaum möglich. So ist die Erdatmosphäre in knapp 400 Kilometern Höhe kei-

Kein UFO – oder etwa doch?

Mitunter sieht man beim Blick zum nächtlichen Sternhimmel ein unbekanntes Licht oder eine ungewohnte Erscheinung. Im ersten Moment ist die Aufregung groß, vor allem für Beobachter, die mit der Vielfalt möglicher himmlischer Ansichten noch nicht so sehr vertraut sind. Doch seien Sie versichert – ein wirkliches UFO (oder das, was man allgemein darunter versteht, nämlich ein Raumschiff von einem anderen Stern) kann ausgeschlossen werden und ist auch bei den wenigen scheinbar unerklärlichen Beobachtungen eher unwahrscheinlich.

Hier eine Zusammenstellung verschiedener Phänomene und ihre wahrscheinlichste Erklärung:

▸ ***Lichtflecken:*** *von unten beleuchtete Wolken, Skybeamer, vom Mondlicht beschienene Kondensstreifen, Polarlichter, Kometen*

▸ ***Anschwellendes Licht:*** *Meteor, das sich auf den Beobachter zu bewegt (selten)*

▸ ***Aufblitzende oder flackernde Lichter:*** *helle Sterne bei starker Luftunruhe, rotierende (taumelnde) Satelliten, Flugzeuge*

▸ ***Schnelle Farbveränderungen:*** *helle Sterne bei starker Luftunruhe, wechselnde Positionslichter von Flugzeugen*

▸ ***Auffallende Zitterbewegung bei Sternen:*** *starke Luftunruhe*

▸ ***Leichte Schlangenbewegung:*** *optische Täuschung bei Satelliten*

▸ ***Direkt sichtbare Bewegung:*** *Vögel, Ballone, Flugzeuge, Satelliten, Meteore, Feuerkugeln*

▸ ***Bewegung nach einigen Tagen:*** *Planeten, Kometen, Kleinplaneten*

nesfalls zu Ende, sondern immer noch dicht genug, um einen Satelliten ganz langsam abzubremsen und ihn so auf eine immer niedrigere Umlaufbahn zu bringen. Und wenn die Sonne besonders aktiv ist, wird die äußere Erdatmosphäre zusätzlich aufgeheizt und ausgedehnt, was die Bremswirkung noch verstärkt.

Aktuelle Angaben über die Sichtbarkeit der Internationalen Raumstation – und anderer Satelliten – findet man im Internet unter *www.heavens-above.com*; dort muss man zunächst die geografischen Koordinaten des Beobachtungsortes eingeben und erhält dann die gewünschten Angaben zur Sichtbarkeit von Satelliten in Tabellenform.

Eine typische Passage

Da die Station mit einer Geschwindigkeit von rund 8 Kilometern pro Sekunde in West-Ost-Richtung um die Erde rast – also viel schneller, als die Erde sich um ihre eigene Achse dreht –, zieht sie auch am Himmel in West-Ost-Richtung vor den Sternen vorüber. Ein typischer Überflug der Internationalen Raumstation beginnt daher über dem Westhorizont und führt innerhalb von rund drei Minuten bis zur größten Höhe, die je nach Lage der Bahn im Südwesten, Süden oder auch Südosten erreicht wird; für Orte südlich von 51,6 Grad nördlicher Breite kann sich die Station dann auch am Nordhimmel befinden. Während dieser Aufstiegsphase nimmt in der Regel auch die Helligkeit der Station so weit zu, dass sie mit den hellsten Sternen konkurrieren kann. Anschließend nimmt die Höhe wieder ab, und dann wird es spannend, denn je nach Sonnentiefe taucht die Station dann mehr oder minder hoch am

Osthimmel in den Erdschatten ein: Innerhalb weniger Sekunden nimmt die Helligkeit ab, und dann ist die Station plötzlich verschwunden. Mitunter kann man die Station gut anderthalb Stunden später ein zweites Mal beobachten, oder es ergibt sich am nächsten Tag eine neue Gelegenheit, dann in der Regel etwa eine Stunde früher oder eine halbe Stunde später. Besonders reizvoll wird die Beobachtung, wenn ein Versorgungsraumschiff unterwegs zur Raumstation ist und die Rendezvous-Phase unmittelbar bevorsteht – dann nämlich ziehen zwei unterschiedlich helle Punkte in mehr oder minder kleinem Abstand auf der gleichen Bahn vor den Sternen entlang.

Erdbeobachtung auf der polaren Umlaufbahn

Nicht alle Satelliten ziehen von West nach Ost über den Himmel – man findet auch solche, die sich ungefähr in Nord-Süd-Richtung (oder Süd-Nord-Richtung) bewegen. Eine solche Bahn, die über die Polgebiete der Erde hinwegführt, ist für die Beobachtung der gesamten Erdoberfläche bestens geeignet, vor allem dann, wenn sie in einer Höhe von etwa 780 bis 800 Kilometern verläuft. Dann nämlich überfliegt dieser Satellit die Landschaft unter ihm stets zur gleichen Uhrzeit und damit bei gleichen Beleuchtungsverhältnissen. Aufgrund der größeren Höhe sind solche Satelliten allerdings nicht so hell wie die Internationale Raumstation, zumal sie auch hinsichtlich der Größe nicht mit der Station konkurrieren

WANDELSTERNE UND KOLLEGEN

Im Jahre 1997 erschien der helle Komet Hale-Bopp am Himmel und war sogar am aufgehellten Stadthimmel gut zu sehen.

können. Außerdem ziehen sie deutlich langsamer durch die Sternbilder, so dass sie auch deshalb weniger auffällig sind. Dafür ist ihre Zahl wesentlich größer: Wer sich auf der oben genannten Internet-Seite die Passagen aller Satelliten und Raketenendstufen ausrechnen lässt, bekommt für jeden Abend eine Liste mit mehreren Dutzend Einträgen.

Kometen – seltene Besucher am irdischen Himmel

Hin und wieder, meist leider nur im Abstand vieler Jahre, taucht ein ganz ungewöhnlich aussehendes Objekt am Himmel auf, kein punktförmiger Stern, sondern ein nebelhaft erscheinendes Gebilde mit einem seltsam gekrümmten Schweif: ein Komet. Groß ist dann die Aufmerksamkeit der Medien, galten Kometen früher doch (und in manchen Redaktionen anscheinend auch heute noch) als Zeichen des Himmels, die bevorstehende Katastrophen ankündigen.

Kometen erscheinen für das breite Publikum meist ziemlich unerwartet und ziehen dann über mehrere Wochen langsam durch die Sternbilder – anders als Sonne, Mond und Planeten auch fernab der Ekliptik. Da Kometen nur im sonnennahen Teil ihrer Bahn, also oft erst innerhalb der Erdbahn, hell genug für das bloße Auge werden, gelten vielfach ähnliche Sichtbarkeitsbeschränkungen wie bei den inneren Planeten: Helle Kometen sind entweder am westlichen Abendhimmel oder am östlichen Morgenhimmel zu finden; solche auf stark geneigten Bahnen können aber auch zirkumpolar werden und sogar am Polarstern vorbeiziehen, wie etwa der Komet Hyakutake im März 1996.

Der Schweif – oder besser: die Schweife – eines Kometen erscheinen immer von der Sonne weg gerichtet. Man unterscheidet zwischen einem sehr geradlinigen, meist bläulich leuchtenden Gasschweif, der dem bloßen Auge kaum auffällt, und einem stärker gekrümmten, mitunter breit gefächerten, gelblich-weißen Staubschweif.

Kleine Teleskopkunde

Ferngläser und Fernrohre

▸ Das Lichtsammelvermögen 62
▸ Die Bildschärfe 63
▸ Die Vergrößerung 65
▸ Das Öffnungsverhältnis 66
▸ Instrumente in Theorie und Praxis 67

Die typischen „optischen Hilfsmittel" des Sternfreunds sind Fernglas und Teleskop. Mit ihnen sieht man einfach „mehr", und zwar mehr Licht (die Himmelsobjekte werden heller) und mehr Details (sie erscheinen größer).
Das menschliche Auge steuert die einfallende Lichtmenge über den Durchmesser der Pupille. Damit unser Auge sich an wechselnde Lichtverhältnisse anpassen kann, ist der Pupillendurchmesser veränderlich: An einem hellen Sommertag kann sich die Pupille auf 1-2 Millimeter zusammenziehen, in dunkler Nacht oder in einem dunklen Raum will unser Auge mehr Licht sammeln und öffnet sich bis zu 6-8 Millimeter weit. So kann, im Vergleich zu heller Umgebung, in der Dunkelheit die 10- bis 60fache Lichtmenge auf die Netzhaut gelangen. Dies sind allerdings nur Richtwerte. Bei jungen Menschen ist die Flexibilität der Pupille im Allgemeinen größer als bei älteren Menschen.
Die Anpassung der Netzhaut unseres Auges an die Dunkelheit kann bis zu einer Stunde dauern. In diesem Zeitraum können wir am Nachthimmel noch nicht die schwächsten Objekte erkennen. Der Anpassungsprozess des Auges an die Dunkelheit wird „Adaption" genannt. Mit vollständig adaptierten Augen vermögen wir an einem dunklen Hochgebirgshimmel Sterne bis zu Größenklassen von $6^m\!.5$ bis 7^m zu erkennen. Nehmen wir jedoch ein Fernglas zu Hilfe, dann erweitert sich die Sichtbarkeitsgrenze deutlich zu schwächeren Himmelsobjekten hin.

Beobachterin an einem typischen Amateurteleskop

Das Lichtsammelvermögen
Bereits ein mittelgroßes Fernglas vom Typ „10 × 50" erhöht die Reichweite auf bis zu 11^m und ein 20-cm-Teleskop zeigt noch Sterne bis zur Helligkeit 13^m. Der wichtigs-

FERNGLÄSER UND FERNROHRE

te Vorteil eines optischen Hilfsmittels bei der Himmelsbeobachtung liegt also im Vermögen, mehr Licht sammeln zu können als das bloße Auge. Die Grafik rechts zeigt, wie die Grenzgrößenklasse mit steigender Teleskopöffnung wächst. Die Angaben gelten für einen dunklen Nachthimmel ohne künstliche Lichtquellen. Ist der Himmel jedoch aufgehellt, so verschlechtert sich die Grenzhelligkeit drastisch zu geringeren Größenklassen hin. Dabei bringt das einfachste und im Allgemeinen auch preiswerteste Instrument, ein Fernglas oder Feldstecher, bereits einen sehr großen Effekt. Der Schritt zu einem viel größeren, unhandlicheren und auch teureren Instrument, wie z. B. einem Spiegelteleskop mit 200 mm Durchmesser, ist groß, bringt jedoch nur einen vergleichsweise geringeren Zuwachs an Lichtstärke. Allein daraus folgt bereits, dass es sinnvoll ist, die Himmelsbeobachtung mit einem kleinen Instrument (etwa einem Feldstecher oder kleinen Linsenteleskop) zu beginnen.

Die Bildschärfe

Geht man zum Erwerb eines Fernglases oder Teleskops in ein Fotogeschäft oder Kaufhaus, so findet man Produktbeschreibungen, die vor allem die „maximale Vergrößerung" preisen, die man mit dem betreffenden Gerät erzielen kann. Wir haben jedoch gerade gesehen, dass vor allem die freie Öffnung, d.h. der Durchmesser der Optik eines Beobachtungsinstrumentes, von Bedeutung ist.

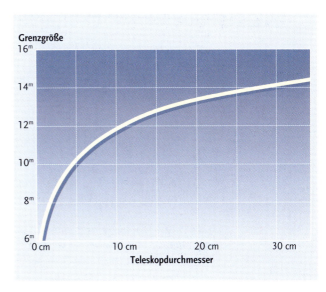

Neben dem Lichtsammelvermögen ist es die Bildschärfe, die für die praktische Beobachtung zählt. Denn was nützt eine – theoretisch mögliche – extrem hohe Vergrößerung, wenn das Bild des eingestellten Himmelsobjektes immer unschärfer wird, je höher wir vergrößern? Auch die Bildschärfe eines Instrumentes wird direkt von seiner Öffnung bestimmt und wird gemessen durch das Vermögen des Instrumentes, feine Details in der Struktur des beobachteten Objektes aufzulösen. Wir sprechen vom „Auflösungsvermögen". Da die scheinbare Größe von Objekten am Sternhimmel in Winkelgrad (°), Bogenminuten (') und Bogensekunden (") gemessen wird, kann auch das Auflösungsvermögen (ϑ) in diesen Einheiten abhängig vom Instrumentendurchmesser (D) ausgedrückt werden:

$$\vartheta \;[''] = 12{,}6 \;/\; D \;[cm]$$

Mit zunehmender Öffnung sind immer schwächere Sterne zu sehen.

KLEINE TELESKOPKUNDE

Ein gutes Teleskop zeigt um einen Stern herum die typischen „Beugungsringe".

Das Auflösungsvermögen eines typischen Linsenfernrohres mit sechs Zentimetern freier Öffnung beträgt demnach 12,6/6 = 2,1 Bogensekunden. Ein Teleskop mit 15 Zentimetern Öffnung liefert bereits ein Auflösungsvermögen unterhalb von 1". Damit lassen sich (zumindest theoretisch) z. B. Doppelsterne getrennt beobachten, die enger als 1" am Himmel nebeneinander stehen. Feinste Details auf den Oberflächen von Planeten oder dem Mond würden sichtbar werden, wenn, ja wenn da nicht noch die Erdatmosphäre und mit ihr die Luftunruhe wären.

Die Luftunruhe
Die irdische Lufthülle spielt bei der praktischen Himmelsbeobachtung eine entscheidende Rolle. Und das nicht nur bei Beobachtungen, die der wissenschaftlichen Forschung dienen, sondern selbst für die relativ kleinen Instrumente der Amateur-Astronomen.

Die Erdatmosphäre ist ein „Filter", durch den das Licht des Himmelsobjektes laufen muss, und der so das Erscheinungsbild des Objektes beeinflusst. Bereits mit bloßem Auge sieht man hin und wieder die hellsten Sterne deutlich flackern; hübsch anzusehen, aber der Bildschärfe sehr abträglich. Die Luft ist ständig in Bewegung, sie ist unten am Boden warm und dicht, oben dagegen eiskalt und dünn. Die Bewegung sorgt für die Vermischung von kalten und warmen, dichten und dünnen Luftzellen in der Atmosphäre. Dies sorgt für kleine Ablenkungen eines Lichtstrahls, das Bild eines Sterns zappelt ständig hin und her, bläht sich auf, um dann für kurze Momente zu einem winzigen Scheibchen zu schrumpfen. Nur in diesen Momenten können wir das tatsächliche Auflösungsvermögen des Instrumentes wirklich ausnutzen. Der Fachausdruck für diese Luftunruhe ist „Szintillation".

Bei besonders ruhiger Luft und einem gut justierten Gerät lässt sich an einem Stern das Beugungsbild der abbildenden Optik erkennen.

Die Skala der Luftunruhe

Maßzahl R	Beschreibung
1	**sehr gut** – auch bei starker Vergrößerung ist das Bild eines Planeten ruhig und scharf
2	**gut** – Bildeindruck wie bei 1, jedoch kurzzeitige Unschärfen
3	**befriedigend** – es kann ein brauchbarer Gesamteindruck gewonnen werden
4	**mäßig** – Luftunruhe stört merklich, Einzelheiten nur blickweise erkennbar
5	**unbrauchbar** – auch bei geringer Vergrößerung kein scharfes Bild zu erkennen

Hier sieht der Betrachter, dass das Auflösungsvermögen begrenzt ist: Um den hellen Stern im Mittelpunkt erscheinen konzentrische Kreise, die so genannten Beugungsringe. Sie haben nichts mit der Natur des beobachteten Sterns zu tun, sondern entstehen durch das benutzte Teleskop.

Nicht umsonst werden große wissenschaftliche Sternwarten auf hohen Bergen errichtet. Vor allem in diesem Fall kommt es auf hohe Bildschärfe an. Instrumente auf hohen Bergen lassen einen großen Teile der Erdatmosphäre bereits unter sich. Die Störungen der restlichen Lufthülle oberhalb der Instrumente sind hier wesentlich geringer als bei Beobachtungen von Meereshöhe aus.

Die Vergrößerung

Was also auf den meisten Werbeprospekten als das Qualitätsmerkmal Nummer 1 angepriesen wird, ist in der Praxis von untergeordneter Bedeutung: die Vergrößerung. Bei der Vergrößerung handelt es sich auch schlicht um das Verhältnis von Objektiv- zu Okularbrennweite. Hat das Fernrohr beispielsweise 900 mm Brennweite und das Okular 20 mm, so lautet die Vergrößerung 900/20 = 45 ×. Bei Verwendung eines Okulars mit 10 mm Brennweite steigt die Vergrößerung entsprechend auf 90fach an. Welche Vergrößerung ist aber sinnvoll für mein Gerät, wenn ja, wie oben beschrieben, die Auflösung nur vom Objektivdurchmesser abhängt? Dazu gibt es die Faustregel:

Die „Normalvergrößerung" entspricht dem Objektivdurchmesser in Millimetern. Bei einer Öffnung von 60 mm ist demnach eine Vergrößerung von maximal 60 × zu empfehlen. Ist die Luftunruhe bei der Beobachtung besonders gering, scheint das Bild des Himmelsobjektes im Instrument sozusagen zu „stehen", dann kann man auf die „förderliche Vergrößerung" erweitern: Sie entspricht dem doppelten Objektivdurchmesser in Millimetern. Bei unserem 60-mm-Teleskop käme demnach nun eine 120fache Vergrößerung zum Einsatz.

Eine noch höhere Vergrößerung ist in den allermeisten Fällen sinnlos. Denn wir würden damit nur die theoretische Unschärfe des Instrumentes vergrößern, nicht aber mehr Details in Himmelsobjekten erkennen können. Lassen Sie sich also nicht von großen Zahlen beim Thema Vergrößerung blenden.

Die Vergrößerung in der Praxis

Hohe Vergrößerungen zeigen kleine Details von Objekten, gehen aber im Allgemeinen mit kleinen Gesichtsfeldern einher und zeigen z. B. nur einen Ausschnitt vom Mond. Geringe Vergrößerungen lassen dagegen den Mond in seinem Umfeld am Sternhimmel erkennen und andere großflächige Himmelsobjekte in ihrer Gesamtheit beobachten. Hohe Vergrößerungen verdunkeln das Bild, lichtschwache, diffuse Objekte verschwinden im Himmelshintergrund. Geringe Vergrößerungen hingegen zeigen auch schwächere diffuse Objekte vor dem Himmelshintergrund. Geringe wie starke Vergrößerungen haben somit ihre Berechtigung und praktischen Nutzen bei der Beobachtung der verschiedenen Objekte.

Wie oben bereits angemerkt, wird die Vergrößerung durch die Wahl des Okulars bestimmt. Unser Beobachtungsinstrument mit der Öffnung D und der Brennweite f erzeugt in seinem Brennpunkt ein Bild des beobachteten Himmelsobjektes (siehe Abb. S. 69). Dieses Bild wird mit einer „Lupe", dem Okular, vergrößert. Der Beobachter blickt durch das Okular und betrachtet ein vergrößertes Bild des Objektes. Vergrößerung kann man sozusagen kaufen: Verwenden wir Okulare mit unterschiedlicher Brennweite, so erzielen wir unterschiedliche Vergrößerungen. Die allgemeine Formel zur Berechnung der Vergrößerung V lautet:

$$V = f_{Objektiv} / f_{Okular}$$

Dabei ist $f_{Objektiv}$ die Brennweite des Fernrohres (die damit fest steht) und f_{Okular} die Brennweite des verwendeten Okulars (das ausgetauscht werden kann). Mit einem 10-mm-Okular an einem Teleskop der Brennweite 1000 mm erzielt man also eine Vergrößerung von 100 $\times$. Die Teleskopöffnung spielt hier keine Rolle.

Neben der maximal sinnvollen Vergrößerung gibt es auch eine minimal sinnvolle. Je geringer nämlich die Vergrößerung ist, desto dicker wird das Lichtbündel, das aus dem Okular austritt und in das Auge des Beobachters eintreten muss. Als Faustformel gilt: Der Objektivdurchmesser des Teleskops geteilt

durch die Eintrittspupille des Auges (meist 7 mm) ergibt die minimal sinnvolle Vergrößerung. Im Falle eines typischen 100-mm-Fernrohres liegt die minimale Vergrößerung bei 100/7 $\cong$ 14 $\times$. Um eine geringe Vergrößerung zu erreichen, ist ein langbrennweitiges Okular mit einer Brennweite von etwa 40-50 mm zu empfehlen. Die förderliche Vergrößerung eines Linsenfernrohres von 100 mm Öffnung beträgt 200 $\times$. Man erzeugt sie (bei einer Teleskopbrennweite von 1000 mm) durch den Einsatz eines 5-mm-Okulares.

Ein Satz von drei bis vier Okularen mit Brennweiten zwischen 40 und 5 mm sollte für die praktische Beobachtung völlig ausreichen. Beim Kauf eines weiteren Okulars sollte aber berücksichtigt werden, dass es auf dem Markt sehr verschiedene Okulartypen mit unterschiedlichen Qualitäten und extrem unterschiedlichen Preisen gibt. Für den Anfang sollten einfache, preiswerte Okulare genügen.

Das „Scharfstellen" oder Fokussieren des Bildes im Instrument erfolgt mit einer Vorrichtung, mittels derer der Abstand des Okulars von der abbildenden Optik verändert werden kann. Beim Feldstecher ist dies eine Stellschraube, beim Teleskop der Okularauszug.

Das Öffnungsverhältnis

Das „Öffnungsverhältnis" ist ein weiterer wichtiger Begriff, wenn wir über astronomische Instrumente reden. Es bezeichnet das Verhältnis von Öffnung zu Brennweite des

FERNGLÄSER UND FERNROHRE

Instrumentes. Ein Instrument mit 100 mm Öffnung und 1000 mm Brennweite hat so ein Öffnungsverhältnis von 100/1000 = 1/10. Es wird auch bezeichnet mit „1:10" oder „f/10". Typische Öffnungsverhältnisse sind z. B. 1:8 bis 1:15 bei Linsenfernrohren oder 1:4 bis 1:10 bei Spiegelteleskopen. Ein Teleskop mit dem Öffnungsverhältnis 1:5 gilt allgemein als lichtstärker als eines mit 1:10. Dies gilt aber nur bei der Fotografie und entspricht dann der Blende des Fotoobjektives. Betrachten wir aber die gleiche Vergrößerung, so wird man auch unterschiedliche Okulare einsetzen müssen, um beispielsweise eine hundertfache Vergrößerung zu erreichen; in diesem Fall sind beide Instrumente in der Praxis wieder gleich „lichtstark".

Instrumente in Theorie und Praxis

Der Feldstecher
Ein Fernglas oder Feldstecher mit den richtigen Abmessungen kann ein gutes, pflegeleichtes Einsteigerinstrument sein, mit dem sich wunderbar „Spazierensehen" lässt. Es zeigt große flächenhafte Objekte wie den Mond oder große Galaxien und Sternhaufen in ihrem Umfeld am Himmel vollständig im Gesichtsfeld, das mehrere Grad umfassen kann.
Ein Feldstecher ist eigentlich nichts weiter als ein Doppelfernrohr mit Linsenobjektiven am vorderen und Okularen am hinteren Ende. Die Baulänge wird verkürzt durch ein

Strahlengang eines Prismenfeldstechers

Prismensystem in jedem Rohr, das den Gang der Lichtstrahlen mehrfach umlenkt. Einer der Vorteile ist das aufrechte und seitenrichtige Abbild der Objekte, was natürlich für Erdbeobachtungen eingerichtet wurde. Weitere Vorteile dieses Instrumentes sind seine hohe Lichtstärke und sein großes Gesichtsfeld. Liest man etwa „8 × 50" auf dem Gehäuse, so bedeutet die „8" achtfache Vergrößerung, die „50" steht für den Objektivdurchmesser in Millimetern. Hiermit handelt es sich um einen kleinen Standard-Feldstecher. Mit „14 × 100" wird demnach ein Großfeldstecher mit 100 mm Objektivöffnung und 14-facher Vergrößerung bezeichnet. Die Preise dieser Instrumente richten sich nach Qualität und Größe und reichen vom „Taschengeld" bis in Regionen von mehreren Tausend Euro.
Wer das erste Mal einen Feldstecher in die Hand nimmt und auf den Himmel richtet, wird schnell fest-

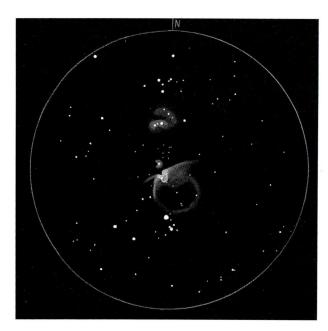

Oben: Zeichnung des Orion-Nebels nach Beobachtung mit einem Fernglas.

stellen, dass es ein Problem bereiten kann, trotz der relativ geringen Vergrößerung das Instrument ruhig zu halten. Zittert die Hand oder wackelt man mit dem Instrument, so lassen sich Details nur schwer erkennen. Leicht verliert man deshalb die Freude am Beobachten. Schwierig ist außerdem die Beobachtung von Objekten nahe des Zenits, hier muss man den Kopf weit in den Nacken legen. Bequemer wird es, wenn wir uns für die Dauer der Beobachtung in einen Liegesessel begeben.

Um eine verwackelungsfreie Beobachtung zu ermöglichen, gibt es zwei Lösungen: Wer tiefer in die Tasche greifen möchte, leistet sich einen der modernen, relativ teuren, aber qualitativ hervorragenden Feldstecher mit Kompensationsautomatik. Hier sorgt eine mechanische oder elektronische Vorrichtung im Instrument für einen Ausgleich der Wackelbewegungen. Das Bild bleibt im Okular stehen und bewegt sich nur langsam.

Die zweite Lösung ist eigentlich die erste: Wir montieren unser Gerät einfach auf ein stabiles Fotostativ. Dazu gibt es im Fachhandel preiswerte Klemmen, mit denen man leicht eine starre Verbindung zwischen Instrument und Stativ herstellen kann.

Mit dem Feldstecher auf einem Stativ hat man schon eine kleine Mini-Sternwarte. Wer es komfortabler mag: Auf dem internationalen Markt gibt es spezielle Feldstecherstative für die astronomische Beobachtung mit Großfeldstechern.

Feldstecher kann man meist mit einem Stativadapter auf einem Fotostativ befestigen. Besonders für astronomische Beobachtungen ist es wichtig, dass das Bild ruhig ist.

FERNGLÄSER UND FERNROHRE

Das Linsenfernrohr – der Refraktor
Der Refraktor ist das klassische Teleskop – eine lange, dünne Röhre, in die man von hinten hereinschaut. Vorne, an der Lichteinlassöffnung des Teleskop-Rohres, befindet sich ein Objektiv, das zur Korrektur von Farbfehlern (selbst bei den einfachsten Modellen) aus mindestens zwei Glaslinsen besteht. Ein solches Objektiv wird als „Achromat" bezeichnet. Soll die Farbreinheit der Abbildung und die Bildschärfe weiter verbessert werden, werden auch Objektive aus drei oder gar vier Linsen benutzt: die recht aufwändigen und teuren, aber in ihrer Güte außergewöhnlichen „Apochromaten".
Das Objektiv besitzt die wichtigen werden (siehe auch die Kapitel „Sonnenbeobachtung" auf S. 91, und „Astrofotografie" auf S. 170). Gewöhnlich wird dieses „Luftbild" mit einem Okular vergrößert und dann mit dem Auge betrachtet. Das Okular ist ebenfalls ein Linsensystem, das je nach Einsatzzweck und Qualität aus zwei bis 15 Linsen bestehen kann.
Linsenfernrohre besitzen eine relativ große Baulänge, die von ihrer Brennweite abhängt. Vor dem Objektiv sitzt eine Taukappe, die das Beschlagen des Objektivs vermindern soll.
Refraktoren sind – bezogen auf ihren Durchmesser – relativ teuer, denn für eine einwandfreie Abbildungsqualität des Objektivs müs-

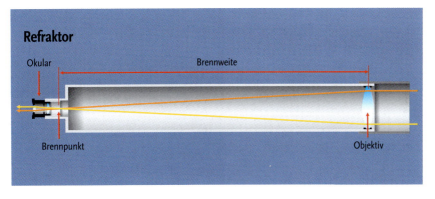

Strahlengang in einem Refraktor (Linsenfernrohr)

Eigenschaften Öffnung und Brennweite. Im Abstand der Brennweite vom Objektiv entwirft das Linsensystem ein Abbild des eingestellten Objektes. Dieses gegen die Realität um 180° gedrehte Bild schwebt (seitenverkehrt und kopfstehend) in der Luft und kann z. B. mit einem Blatt Papier oder einem fotografischen Film aufgefangen sen (mindestens) vier Glasoberflächen hochgenau poliert werden. Der Vorteil liegt in der einfachen Handhabung des Instrumentes. Nicht zu unterschätzen ist, dass Refraktoren so gut wie nie justiert werden müssen. Die Optik wird ab Werk einmal korrekt eingestellt, und wenn man das Gerät nicht auseinander nimmt, kann sich an der Justierung auch nichts verändern. So gibt es (auch kleine) Refraktoren, die seit vielen Jahrzehnten ihren Dienst tun und immer noch hervorragende Abbildungsgüte beweisen.

Kleine Linsenfernrohre sind die typischen Einsteigerinstrumente und dank Serienproduktion auch nicht besonders teuer. Langbrennweitige Refraktoren mit Öffnungsverhältnissen zwischen 1:10 und 1:15 sind besonders geeignet zur Beobachtung kleiner heller Objekte wie dem Mond, Planeten oder Doppelsternen. Lichtstarke, kurzbrennweitige Refraktoren mit 1:6 bis 1:8 eignen sich auch für ausgedehnte Objekte wie Gasnebel oder Sternhaufen.

Das Spiegelteleskop – der Reflektor
Spiegelteleskope oder Reflektoren sind ganz anders aufgebaut als Linsenfernrohre. Die abbildende Optik sitzt nicht an der Lichteinlassöffnung des Instrumentes, sondern am hinteren Ende des Rohres, das man auch als Tubus bezeichnet: ein parabolisch polierter Hohlspiegel. Spiegel haben den Vorteil, dass bei ihnen, im Gegensatz zum Refraktor, nur eine einzige Fläche bearbeitet werden muss. Spiegelteleskope sind daher, bezogen auf ihren Durchmesser, relativ preiswert. Auch dieser Hohlspiegel (das Objektiv des Reflektors) besitzt die wichtigen Parameter Öffnung und Brennweite. Auch er entwirft im Abstand der Brennweite ein Bild des eingestellten Objektes. Das grundsätzliche, konstruktiv bedingte Problem bei Spiegelteleskopen

ist die Tatsache, dass die Abbildung *vor* dem Spiegel geschieht. Der Betrachter muss sich also in den Strahlengang begeben und deckt somit das eintreffende Licht ab. Daher funktionieren Spiegelteleskope eigentlich gar nicht. Damit sie es doch tun, gibt es verschiedene Lösungen für dieses Problem und somit mehrere Arten von Reflektoren, die sich durch die Führung ihres Strahlenganges voneinander unterscheiden.

DAS NEWTON-TELESKOP

Das unter Amateur-Astronomen am weitesten verbreitete Spiegelteleskop ist der Newton-Spiegel, kurz Newton genannt. Hier wird zwischen den Hauptspiegel und den Brennpunkt ein kleiner Winkelspiegel eingesetzt, der den Strahlengang um 90° spiegelt und das Licht seitwärts aus dem Tubus lenkt. Dort ist der Okularauszug angebracht und das Bild kann mit dem Okular vergrößert und betrachtet werden. Der Winkelspiegel ist über drei oder vier dünne Metallstreben am Tubus befestigt. Besonders viel Licht geht dadurch nicht verloren, aber die Haltestreben beugen das Licht und vermindern dadurch die Auflösung. Die Streben erzeugen auf Fotografien mit einem Newton-Teleskop charakteristische Strahlen, die von den helleren Sternen ausgehen – hübsch anzusehen, aber leider nicht erwünscht.

Spiegelteleskope haben allgemein den Vorteil, perfekt farbrein zu sein (Linsenteleskope schaffen das, je nach Aufwand, immer nur bis zu

FERNGLÄSER UND FERNROHRE

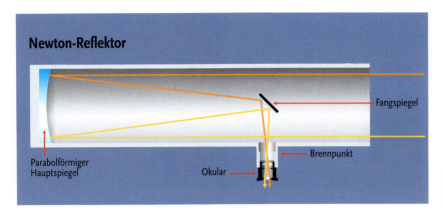

Strahlengang in einem Newton-Reflektor (Spiegelteleskop)

einem gewissen Grad). Dadurch muss das Öffnungsverhältnis zur Vermeidung von Farbfehlern nicht unnötig verkleinert werden, und Newton-Teleskope besitzen Öffnungsverhältnisse zwischen 1:4 und 1:8, sind somit recht lichtstark. Besonders geeignet sind sie für die Beobachtung lichtschwacher, ausgedehnter Objekte wie Gasnebel oder Galaxien. Natürlich können wir mit Newton-Teleskopen auch den Mond oder die Planeten beobachten.

Etwas nachteilig bei Spiegelteleskopen ist ihre Justieranfälligkeit. Besonders dann, wenn sie zur Beobachtung häufig transportiert werden. Der Hauptspiegel kann zwar kaum herausfallen, doch wird er prinzipiell nur auf seiner Rückseite geführt und justiert. Setzen wir den Tubus einmal hart auf, kann sich der Hauptspiegel leicht verschieben, was bereits ausreichen kann, um starke Bildfehler zu verursachen. Die Sterne sind dann nicht mehr punktförmig, Mond und Planeten werden nicht mehr richtig scharf. Die Symmetrieachse des großen Spiegels muss exakt auf die Mitte des kleinen Fangspiegels zeigen. Desgleichen muss auch der Fangspiegel exakt auf die Mitte des Hauptspiegels zeigen und bei einem Newton-Teleskop das Licht exakt um 90° aus dem Tubus lenken. Für die Justage von Newton-Teleskopen sind im Fachhandel so genannte Justierokulare und Justierlaser erhältlich, die das Justieren erheblich erleichtern.

DAS SCHMIDT-CASSEGRAIN-TELESKOP
Das beliebteste Spiegelteleskop überhaupt ist der Schmidt-Cassegrain, kurz SC-Teleskop oder SCT genannt. Die Schmidt-Cassegrains vereinen die Vorteile von Linsen- und Spiegelteleskopen in sich, sind kompakt gebaut und gelten daher als „Allround-Instrument".
Auch die SC-Teleskope besitzen einen Haupt- und einen Fangspiegel. Der Hauptspiegel hat allerdings in der Mitte ein Loch, durch das das vom Fangspiegel zurückgeworfene Licht tritt. Der Fangspiegel ist in diesem Fall nicht wie beim Newton plan, sondern nach außen gewölbt

KLEINE TELESKOPKUNDE

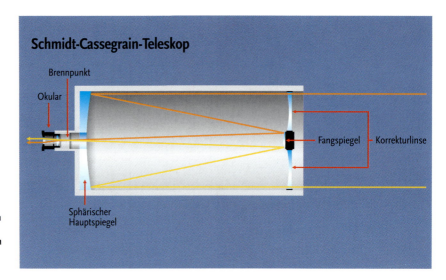

Strahlengang in einem Schmidt-Cassegrain-Teleskop (Kombination aus Linsen- und Spiegelteleskop)

(konvex). Dadurch wird die Brennweite des Hauptspiegels um einen Faktor zwei bis drei verlängert. Mit anderen Worten: Die Baulänge des Teleskops ist im Vergleich zur Brennweite wesentlich kürzer. Die beliebten SCTs mit 20 cm Öffnung und zwei Metern Brennweite sind so nur ca. 50 cm lang! Außerdem erfolgt der Einblick nun wie beim Refraktor von hinten, was gerade für Anfänger wesentlich bequemer ist.

Bis hier sprachen wir eigentlich nur vom Cassegrain-Teleskop. Zur Verbesserung der Bildqualität besitzen die SCTs am vorderen Tubusende eine so genannte Schmidt-Platte, deren Form nur ganz leicht von der einer planparallelen Glasplatte abweicht. Meist wird der Fangspiegel direkt in diese Platte eingebaut, so dass die von den Newton-Teleskopen bekannten Beugungseffekte vermieden werden. Außerdem ist der Tubus damit geschlossen und so weniger anfällig für störende Luftturbulenzen im Tubus. Die Justieranfälligkeit ist bei Schmidt-Cassegrain-Teleskopen weniger ausgeprägt als bei Newton-Teleskopen, meistens kann auch nur der Fangspiegel justiert werden.

Welches Teleskop ist das richtige?

Generell lässt sich sagen, dass Teleskope um so teurer sind, je größer ihre Öffnung ist. Spiegelteleskope sind bei gleicher Öffnung preisgünstiger als gleich große Refraktoren. Am preiswertesten sind Newton-Teleskope. Kleine Refraktoren sind bereits für wenige hundert Euro zu haben, für ein 200 mm durchmessendes Schmidt-Cassegrain-Teleskop sind einige tausend Euro zu veranschlagen. Der Newton-Typ liegt preislich dazwischen. Wer die Anschaffung eines größeren Instrumentes wegen der hohen Kosten scheut, kann sich auf Messen oder dem Gebrauchtmarkt umsehen, wo

oftmals gute Teleskope zum halben Neupreis oder noch preiswerter zu haben sind.
Doch gerade für den Einsteiger ist es nicht ratsam, gleich als erstes Instrument ein Teleskop mit „Vollausstattung" zu erwerben. Die Bedienung eines solchen Instrumentes erfordert viel Aufmerksamkeit, die für die Beschäftigung mit den Himmelsobjekten dann oftmals fehlt. Besser ist es, am Anfang ein kleineres (und dennoch ein gutes!) Instrument einzusetzen, das der Beobachter durch ein größeres ersetzen oder ergänzen kann, wenn er etwas Erfahrung bei der praktischen Beobachtung gesammelt hat. Die untere Grenze stellen die bekannten 60-mm-Refraktoren dar, wie sie auch von vielen Kauf- und Versandhäusern angeboten werden. Die Optik dieser Fernrohre ist meist nicht schlecht, aber das Stativ und Zubehör wenig brauchbar. Besser ist es, man informiert sich im Teleskopfachhandel (Adressen im Serviceteil auf Seite 187).

Sinnvolles Zubehör

Auch für kleinere Instrumente gibt es im Fachhandel Zubehör, das wir bei der Beobachtung sehr sinnvoll einsetzen können. Sucherfernrohr oder die Visiereinrichtung „Telrad" sind hervorragende Einstellhilfen beim Auffinden gesuchter Himmelsobjekte. Wir stellen sie im Detail im Abschnitt „Beobachtungstechniken" (ab Seite 80) vor. Für optische Bauteile, die wir in den Strahlengang des Teleskops einsetzen, gilt generell, dass sie von um so besserer Qualität sein müssen,

je besser das Teleskop ist. Andernfalls verursachen sie eine deutliche Verschlechterung der Bildqualität.

DAS ZENITPRISMA

Refraktoren und auch die Schmidt-Cassegrain-Teleskope liefern bei der Beobachtung ein seitenverkehrtes und kopfstehendes Bild. Außerdem wird der Einlick bei hoch am Himmel stehenden Objekten unbequem. Praktisch ist da der Einsatz eines „Zenitprismas", das zwischen Teleskop und Okular gesteckt wird und den Strahlengang des Teleskops um 90° ablenkt. Das hat den einen Vorteil, dass das Bild zwar immer noch seitenverkehrt, dafür nun aber in aufrechter Orientierung zu sehen ist. Den zweiten Vorteil erkennen wir sofort, wenn wir mit einem Teleskop, das den Okulareinblick am hinteren Tubusende hat, in Zenitnähe beobachten wollen. Anstatt in verrenkter Kopfhaltung senkrecht nach oben durchs Okular zu schauen, können wir von der Seite Einblick nehmen. Die

Um sich nicht den Hals zu verrenken, benutzt man meist ein Zenitprisma.

KLEINE TELESKOPKUNDE

Zwischen Teleskop und Okular eingesetzt, verdoppelt die Barlow-Linse die Brennweite (und damit auch die Vergrößerung) des Fernrohrs.

Kosten für ein Zenitprisma liegen etwa im selben Bereich wie die für preiswerte Okulare; meist gehört ein (einfaches) Zenitprisma aber zur Grundausstattung eines Teleskops.

DIE BARLOW-LINSE

Wer etwas flexibler bei der Wahl der Vergrößerung sein möchte, setzt eine „Barlow-Linse" ein. Die Barlow-Linse wird wie das Zenitprisma vor das Okular gesetzt und verlängert die Brennweite des Teleskops und damit die Vergrößerung des verwendeten Okulars meist um den Faktor 2. Wichtig ist natürlich auch hier, eine qualitativ gute Barlow-Linse zu verwenden.

Die Aufstellung des Teleskopes

Gerade bei den kleinen Einsteiger-Teleskopen wird eine wichtige Weisheit oft vernachlässigt: Ein Teleskop ist nur so gut wie sein Stativ! Statt von einem Stativ spricht man bei astronomischen Fernrohren von der „Montierung";

damit ist der um zwei Achsen schwenkbare Teil zwischen Teleskop und Stativ/Säule gemeint.

DIE AZIMUTALE MONTIERUNG

Wollen wir unser Teleskop nur visuell nutzen, also mit dem Auge am Okular Himmelsobjekte beobachten, dann genügt eine konstruktiv einfache, jedoch standfeste und wackelfreie Montierung. Das Teleskop wird so befestigt, dass es sowohl waagrecht, also im Azimut (links-rechts), als auch senkrecht, also in der Höhe (rauf-runter), verstellt werden kann. Eine derartige Montierung wird als „azimutale Montierung" bezeichnet und funktioniert im Prinzip genauso wie ein Fotostativ oder die Befestigung eines Aussichtsfernrohrs.
Eigentlich findet man die azimutale Montierung nur bei kleinen Einsteiger-Teleskopen, doch gibt es eine Bauweise, die auch mit großen Spiegelteleskopen zurechtkommt

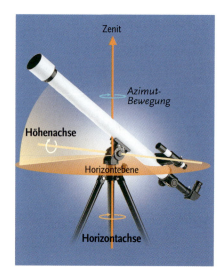

Das Prinzip der azimutalen Montierung

und sehr beliebt ist. Es handelt sich dabei um die so genannten „Dobson-Teleskope" – Newton-Spiegel einfacher Bauart, dafür aber mit großer Öffnung für (verhältnismäßig) wenig Geld.
Leider haben die azimutalen Montierungen einen entscheidenden Nachteil. Die Himmelsobjekte wandern in Bögen über den Himmel, und man muss das Teleskop dieser Bewegung nachführen. Dazu muss man ständig beide Achsen (hoch/runter bzw. links/rechts) verstellen. Dann müssen wir unser Teleskop mit dem Auge am Okular und der Hand am Tubus feinfühlig in Azimut und Höhe stufenförmig verschieben, damit das Objekt im Gesichtsfeld des Okulars bleibt. Es gibt azimutale Montierungen, die mit mechanischen Getrieben verstellt werden können – sehr komfortabel. Nur für etwas erfahrenere Beobachter empfehlen wir die Anschaffung eines Teleskops, dessen azimutale Montierung über einen Computer (entweder eingebaut oder unter Nutzung eines vorhandenen PCs) gesteuert wird.
Die Anschaffungskosten für ein passendes Stativ mit azimutaler Montierung hängen von dessen Stabilität und technischer Ausstattung ab. Es ist für bastlerisch veranlagte Amateure durchaus möglich, sich eine stabile Teleskopaufstellung selbst zu bauen.

Dobson-Spiegelteleskope sind eine preisgünstige Alternative für visuelle Beobachtungen.

Die astronomische Montierung

▸ Teleskopmontierung und Äquatorsystem 76
▸ Das Aufstellen der Montierung 77
▸ Tipps zum Teleskopkauf 78
▸ Beobachtungstechniken 80

Im Kapitel „Himmlische Drehungen" (siehe S. 15) haben wir gesehen, dass wegen der täglichen Drehung der Erdkugel von West nach Ost alle Himmelsobjekte am Osthimmel aufgehen, im Süden ihre Höchststellung erreichen und am Westhimmel wieder untergehen. Wir beobachten also eine scheinbare Himmelsdrehung von Ost nach West. Der in das Weltall erweiterte Äquator der Erde wird zum so genannten Himmelsäquator, und die verlängerte Erdachse zeigt in die eine Richtung zum Himmelsnordpol (in die andere zum Himmelssüdpol), in dessen Nähe der Polarstern steht. Der Himmelsäquator geht überall auf der Erde genau im Ostpunkt auf und genau im Westpunkt unter und teilt die uns umgebende Himmelskugel in eine Nord- und eine Südhälfte. Man bezeichnet dies als das „Äquatorsystem".

Teleskopmontierung und Äquatorsystem

Meist sind einfache Teleskope nur mit einer azimutalen Montierung ausgestattet. Während der Beobachtung von Himmelsobjekten muss das Fernrohr dann ständig in beiden Achsen nachgestellt werden, um die Erddrehung auszugleichen. Viel eleganter und praktischer ist da die parallaktische Montierung: Bei ihr ist eine Achse parallel zur Erdachse ausgerichtet, deren Drehung dann die Erddrehung ausgleicht. Sie nutzt also gleichsam das oben beschriebene Äquatorsystem aus. Diese Achse (sie zeigt genau zum Himmelspol) wird Stundenachse genannt, die andere, dazu senkrechte, Deklinationsachse. Eine Drehung um die Stundenachse entspricht genau der scheinbaren Himmelsdrehung, ein Umlauf dauert entsprechend 23 Stunden und 56 Minuten, also einen Sterntag. Ein beliebiges Himmelsobjekt kann nun einfach verfolgt werden, indem man das Tele-

Ein großer Refraktor auf einer stabilen parallaktischen Montierung mit Stahlsäule – und fertig ist die kleine Gartensternwarte.

skop nur noch um eine einzige Achse drehen muss.
Die Deklinationsachse bleibt bei der Beobachtung eines bestimmten Objektes festgeklemmt und muss nur beim ersten Einstellen des Objekts bewegt werden.
Um das Teleskop feinfühlig bewegen zu können, besitzt eine parallaktische Montierung in beiden Achsen oft mechanische Getriebe (meist Schneckengetriebe mit Schnecke und Schneckenrad). Feinbewegungen lassen sich dann über kleine Stellräder oder biegsame Wellen leicht mit der Hand ausführen. Wer es bequemer haben möchte oder an Astrofotografie denkt, überträgt diese Aufgabe kleinen Motoren. Die ständige Nachführung der Stundenachse erfolgt dann automatisch und man kann sich ganz auf die Beobachtung konzentrieren. Noch komfortabler ist ein zweiter Motor in Deklination, das Teleskop lässt sich dann per Knopfdruck über den Himmel steuern. Für hochwertige Amateurteleskope sind (recht teure) Computersteuerungen erhältlich, mit denen man Himmelsobjekte automatisch einstellen kann. Für den Einsteiger sind diese Geräte aber nur eingeschränkt zu empfehlen.

Das Aufstellen der Montierung

Eine parallaktische Montierung funktioniert nur dann richtig, wenn man sie vor der Beobachtung richtig aufgestellt hat. Dazu muss die Stundenachse der Montierung ge-

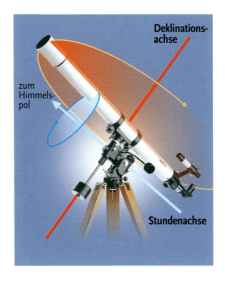

Das Prinzip der parallaktischen Montierung

nau auf den Himmelsnordpol zeigen, in dessen Nähe dankenswerterweise der Polarstern steht. An dieser Stelle verzweifeln viele Einsteiger, die ihr Teleskop mal eben „von schief nach schräg" aufstellen und dann bei der Beobachtung ent-

Mit einer biegsamen Welle lässt sich das Teleskop feinfühlig und erschütterungsfrei bewegen.

sprechend nicht zurechtkommen.
Je nach Bauart der Montierung und
Anspruch an die Genauigkeit (nie-
drig bei visueller Beobachtung,
hoch bei Astrofotografie) ist die
richtige Aufstellung aber im Hand-
umdrehen erreicht. Bei einfachen
Modellen stellt man die geografische Breite des Standortes an der
aufgedruckten Randskala ein und
richtet die Polachse nach Norden,
also in Richtung zum Polarstern
aus – fertig. Für eine genauere Ausrichtung der Montierung bieten
sich die folgenden zwei Möglichkeiten an: das Einnorden per Polsucher und die genaue Justage
nach Scheiner.

Der Polsucher

Mit diesem Hilfsmittel kann man
seine Montierung in wenigen Minuten sehr genau aufstellen, so
dass sogar Astrofotografie möglich
ist. Der Polsucher ist ein kleines
Sucherfernrohr, das bereits in die
Stundenachse der Montierung eingebaut ist. Nach dem Einstellen
von Datum und Uhrzeit zeigt der
Polsucher den Ort des Polarsterns

am Himmel neben dem exakten
Himmelsnordpol. Bei der Ausrichtung der Montierung auf den Himmelsnordpol schaut man dann
durch das Polsucherfernrohr und
verstellt Azimut und Höhe der
Stundenachse so lange, bis der Polarstern auf einer bestimmten Mar-
kierung im Okular zu liegen kommt.
Nach wenigen Minuten ist die Justage der Montierung beendet und
die erreichte Genauigkeit enorm.
Die Anschaffung eines solchen Pol-
suchers als Zubehör für die Montierung lohnt sich sehr, er erleich-
tert die Aufstellung ganz erheblich.

Die Scheiner-Methode

Für Montierungen ohne Polsucher
oder ortsfest aufgestellte Teleskope
benutzt man die Methode nach
Scheiner. Sie ist zwar umständlicher als die Justage mit dem Polsucher, lässt aber auch (bei genügend
Geduld) eine noch höhere Genauigkeit erreichen. Man benötigt unbedingt ein Fadenkreuzokular, und
die motorische Nachführung der
Stundenachse ist hilfreich. Eine
ausführliche Schritt-für-Schritt-An-
leitung finden Sie rechts im Kasten.

Tipps zum Teleskopkauf

Während für einen kleinen Feldstecher schon ein preiswertes Fotostativ mittlerer Stabilität genügt, sind
gute Stative und Montierungen für
Teleskope relativ teuer. Es gilt die
Faustregel, dass das Stativ mit
Montierung genauso teuer und sogar deutlich teurer sein darf als das
eigentliche Beobachtungsinstrument. Denn was nützt ein hoch-

Blick durch das
Polsucher-Fernrohr:
Die Montierung wird
so lange justiert, bis
der Polarstern exakt im
kleinen Kreis steht.

Polarstern

40'
60'
J2000.0

Die Justage der Montierung
nach Scheiner

▸ *Schritt 1*
Die Montierung wird grob in Nord-Süd-Richtung ausgerichtet, z. B. am Tag an Geländepunkten, mit dem Kompass oder am besten während der Dämmerung nach dem Polarstern.

▸ *Schritt 2*
Ein beliebiger Stern wird im Fadenkreuzokular des Hauptgerätes eingestellt. Das Fadenkreuz richtet man parallel zu den Achsen der Montierung aus (dazu wird das Okular im Okularauszug gedreht), indem man die Bewegung des Sterns beobachtet. Dabei merkt man sich, welcher Faden parallel zur Bewegung der Stundenachse ist, der dazu senkrecht stehende ist dann der Deklinationsfaden.

▸ *Schritt 3*
Die Montierung wird im Azimut justiert, also die Polachse exakt nach Norden ausgerichtet. Dazu einen Stern in der Nähe von Himmelsäquator und Meridian auf die Fadenkreuzmitte einstellen. Die Achsen der Montierung werden festgeklemmt, ein vorhandener Nachführmotor eingeschaltet. Beobachtet werden die Abweichungen in Deklination, so dass ein Nachführmotor nicht unbedingt erforderlich ist. Wichtig ist zu wissen, welche Richtung im Okular Norden und welche Süden ist (das kann, je nach Teleskop und Zenitprisma, „oben" oder „unten" sein).
Der Stern weicht nach Süden (Norden) ab: Das Nordende der Polachse muss etwas nach Westen (Osten) korrigiert werden. Der Stern wird wieder eingestellt und die Prozedur wiederholt, bis der Stern für mindestens 30 Minuten keine Abweichung in Deklination mehr zeigt.

▸ *Schritt 4*
Die Polhöhe der Montierung wird justiert, also die Neigung der Polachse eingestellt. Dazu wird ein Stern am Nordosthimmel eingestellt und wieder dessen Abweichung in Deklination beobachtet. Der Stern weicht nach Süden (Norden) ab: Die Polachse muss steiler (flacher) eingestellt werden. Auch dies wird so lange wiederholt, bis der Stern für mindestens 30 Minuten keine Abweichung in Deklination zeigt.

▸ *Schritt 5*
Die Schritte 3 und 4 werden abwechselnd so lange wiederholt (auch in mehreren Nächten), bis die gewünschte Genauigkeit erreicht ist.

wertiges Teleskop, wenn die Himmelsobjekte nicht richtig beobachtet werden können, weil die Aufstellung zu sehr wackelt (was besonders bei Wind der Fall sein kann)? Bevor Sie sich für den Kauf eines bestimmten Instrumentes mit Stativ und Montierung entscheiden, machen Sie den „Wackeltest": Stupsen Sie das fertig aufgestellte Gerät vorsichtig am oberen Ende des Tubus an – wie lange schwingt es hin und her? Falls es überhaupt merkbar schwingt, dann sollte diese Schwingung schnell wieder aufhören.

Beobachtungstechniken

Erste Schritte mit dem Teleskop

Ist ein Himmelsobjekt mit bloßem Auge erkennbar, so können wir es mit etwas Übung auch leicht im Teleskop einstellen. Wir lösen dazu alle Klemmen an der Montierung und schwenken das Instrument ungefähr in Richtung des Objektes. Dann ein Blick durch das Sucherfernrohr und schon kann etwa der Mond oder ein heller Planet im Okular des Hauptinstrumentes beobachtet werden. Bei einer azimutalen Montierung ist das ganz einfach, da sie nur waagerecht und senkrecht zu schwenken ist. Bei einer parallaktischen Montierung ist dies wegen der schräg stehenden Stundenachse nicht so. Man muss sein Fernrohr erst „auf die richtige Seite legen", bevor man das Objekt der Begierde genauer einstellen kann. Um ein Objekt am Osthimmel zu beobachten, schwenken wir das Teleskop auf die Westseite der Montierung – und umgekehrt. Die Bewegung, mit der wir das Teleskop von der West- auf die Ostseite der Montierung bringen, wird „Umschlagen" genannt.

Himmelsobjekte genau einstellen

Haben wir die ungefähre Richtung zum Objekt eingestellt, dann peilen wir am Tubus des Teleskops entlang und richten den Tubus feinfühlig auf das mit bloßem Auge erkennbare Objekt. Zuerst in waagerechter (azimutaler oder Stunden-) Richtung durch Peilen über den Tubus hinweg; danach wird diese Achse festgeklemmt. Dann in senkrechter Richtung (Höhe oder Deklination) durch Peilen links oder rechts am Tubus vorbei, dann auch diese Achse klemmen. Nun sollte sich das Objekt im Gesichtsfeld

Je nach Blickrichtung legt man bei einer deutschen Montierung das Teleskop auf die West- (linkes Bild) oder auf die Ostseite (rechtes Bild) der Stundenachse.

DIE ASTRONOMISCHE MONTIERUNG

des Teleskops befinden, wenn wir zuvor die kleinste Vergrößerung gewählt haben.

Ein Sucherfernrohr – seitlich am Hauptinstrument angebracht – ist sehr hilfreich und gehört eigentlich zu Standardausstattung. Natürlich muss man den Sucher (mit kleinen Schrauben) justieren können, um ihn auf das Hauptinstrument ausrichten zu können. Dies kann man bequem am Tag- oder Dämmerungshimmel, indem man eine weit entfernte Landmarke (Haus, Turm, Baum) im Hauptinstrument einstellt und den Sucher so justiert, dass diese Marke exakt auf dem Fadenkreuz steht. Danach können wir in der Nacht mit dem Sucher ein (auch schwaches) Objekt einstellen und finden es sofort im Hauptinstrument wieder.

Eine weitere sehr nützliche Einstellhilfe ist der im Fachhandel erhältliche „Telrad-Sucher". Es handelt sich dabei um einen „Himmelszeiger", der wie ein Sucherfernrohr am Tubus des Hauptgerätes montiert wird und rote, konzentrische Kreise vor den Himmel projiziert. Der Telrad kombiniert den großen Überblick des einfachen „Peilens" mit der Genauigkeit eines leicht vergrößernden Sucherfernrohrs und ist sehr zu empfehlen.

DIE VERWENDUNG DER TEILKREISE

Wir können das gesuchte Objekt natürlich auch über seine Koordinaten Rektaszension und Deklination einstellen – sofern die Montierung mit entsprechenden Einstellmöglichkeiten (den so genannten Teilkreisen) ausgerüstet ist.

Der Deklinationsteilkreis ist in Abschnitte von viermal 90° eingeteilt, zweimal jewels von –90° bis +90°, entsprechend der am Himmel möglichen Deklinationen. Der Stun-

Ohne Sucherfernrohr oder „Telrad" wird man mit dem Teleskop am Himmel kaum etwas finden.

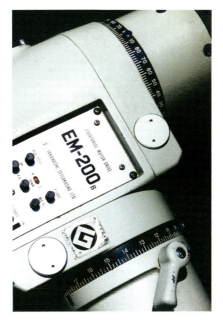

Gute Montierungen sind mit genauen Teilkreisen ausgestattet, mit deren Hilfe man Objekte nach Koordinaten einstellen kann.

Himmelsobjekte mit den Teilkreisen einstellen

▶ **Schritt 1**
Man schlägt die Koordinaten des gesuchten Objekts nach (in einem Himmelsatlas oder Himmelsführer, einem Jahrbuch oder mit einer Planetariumssoftware). Man sollte auch einen Gedanken daran verschwenden, ob das Objekt zur Zeit eigentlich über dem Horizont steht.

▶ **Schritt 2**
Man schlägt die Koordinaten eines markanten Sterns in der Nähe des gesuchten Objektes nach und notiert sie ebenfalls. Dieser Stern wird im Teleskop (mit starker Vergrößerung) eingestellt und die (drehbaren) Teilkreise auf dessen Koordinaten fixiert.

▶ **Schritt 3**
Um einen besseren Überblick zu haben, setzt man ein Okular mit geringer Vergrößerung ein.

▶ **Schritt 4**
Das Teleskop wird auf die Koordinaten des Objekts geschwenkt (die Teilkreise bleiben natürlich fixiert) und das Gesichtsfeld nach dem Objekt abgesucht. Für lichtschwache Objekte benutzt man einen Sternatlas, um die Feldsterne und das Objekt zu identifizieren.

denkreis reicht von 0 bis 24 Stunden. Je feiner die Unterteilungen der Teilkreise sind, um so genauer sind die Koordinaten eines Objektes einstellbar. Genau hier versagen aber die meisten Teilkreise, da man mit ihnen nur auf ca. 1 Grad genau einstellen kann. Eine genaue Anleitung zur Benutzung der Teilkreise findet sich im obenstehenden Kasten.

STEUERUNG MIT EINEM COMPUTER
Es werden auch Teleskope mit eingebauter Computersteuerung bzw. Anschlussmöglichkeit an den eigenen Computer angeboten. Damit kann man, so das Versprechen, durch einfaches Knöpfchendrücken jedes beliebige Himmelsobjekt einstellen. Zusätzlich oder anstelle der Teilkreise sind so genannte „Inkrementalgeber" an jede Achse angebaut, die bei der Drehung der Achsen genau „mitzählen" und damit immer wissen, wohin genau das Teleskop schaut. Entsprechende Signale werden per Kabel an die Kontrollbox bzw. den PC übertragen. Eine theoretisch elegante Methode, die aber durch mechanische Toleranzen meist nicht das halten kann, was man von ihr erwartet. Außerdem – und das macht die Computersteuerung gerade für Anfänger so ungeeignet – lernt man überhaupt nichts vom Himmel und ist ohne sein Computerteleskop praktisch „blind".

„STARHOPPING":
HÜPFEN VON STERN ZU STERN
Die am weitesten verbreitete Methode, um lichtschwache Objekte am Himmel aufzusuchen, ist das „Starhopping". Man beginnt einfach bei einem hellen Stern und tastet sich mit Hilfe einer Sternkarte von Sternmuster zu Sternmuster, bis das Zielobjekt erreicht ist. Was sich mühsam und langwierig anhört, geht in der Praxis oft sehr schnell, macht viel Spaß und sorgt dafür, dass man mit der Zeit ein ganzes Repertoire an Objekten kennt, die man auswendig einstel-

DIE ASTRONOMISCHE MONTIERUNG | 83

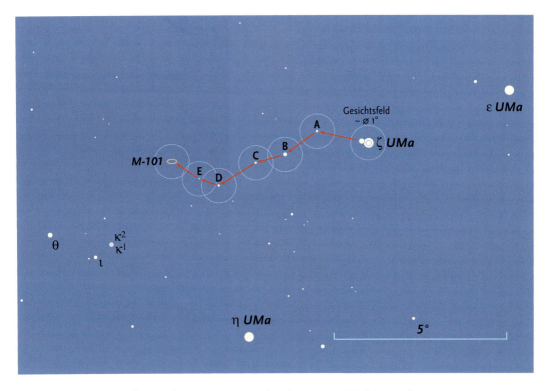

len kann. Ein Beispiel mag die Technik verdeutlichen:
Um etwa die Galaxie M 101 im Sternbild Großer Bär zu finden, identifizieren wir zunächst den mittleren Deichselstern (Mizar) des Großen Wagens auf einem Himmelsatlas. Die Galaxie M 101 wird dort ebenfalls abgebildet sein, da sie etwa 6° östlich von Mizar steht. Wählen Sie eine geringe Vergrößerung, richten Sie das Teleskop auf Mizar und suchen durch Bewegung des Instrumentes nacheinander die in der Abbildung oben markierten Sterne A bis E auf, die sicher zu M 101 führen.
Solche Sternketten oder Sternmuster, die von einem Objekt zum anderen führen, gibt es immer. Diese Methode bietet drei wichtige Vorteile: Sie führt immer zum Ziel, man lernt recht schnell, mit einem neuen Instrument umzugehen, und man wird überrascht sein, wie gut man den „Aufsuchpfad" bei der nächsten Beobachtung wiedererkennt.

Ohne Teilkreise und Computer findet man sich per „Starhopping" am Himmel zurecht.

Die Objekte des Sonnensystems

DIE OBJEKTE DES SONNENSYSTEMS

Der Mond – unser Nachbar im All

▸ Die Mondoberfläche 86   ▸ Mondfinsternisse 88
▸ Der Mond im Fernglas 87   ▸ Der Mond im Teleskop 89

Der Mond ist mit einer mittleren Entfernung von 384.000 Kilometern unser nächster Nachbar im All. Sein Durchmesser beträgt 3476 Kilometer und er erscheint uns am Himmel etwa 30 Bogenminuten groß. Da die Umlaufbahn des Mondes um die Erde nicht kreisrund sondern deutlich elliptisch ist, schwankt seine Entfernung zwischen 356.300 und 406.700 Kilometern und sein scheinbarer Durchmesser zwischen 34,1 und 29,8 Bogenminuten. Die Rotation des Mondes um seine Achse dauert genauso lang wie ein Umlauf um die Erde, man spricht von „gebundener Rotation". Aus diesem Grund wendet uns der Mond stets dieselbe Seite zu, seine Rückseite kann man von der Erde aus nie sehen.

Die Mondoberfläche

Da der Mond keine Atmosphäre besitzt, fällt der Blick ungetrübt auf seine Oberfläche. So sind bereits mit bloßem Auge die typischen Mondformationen bis zu einer Größe von etwa 120 Kilometern auszumachen. Ein Teleskop und selbst schon ein Feldstecher lassen uns sehr viel mehr Details auf der Mondoberfläche erfassen, deren Größe im Kilometerbereich liegt. Der Mond ist deshalb ein lohnendes Beobachtungsobjekt.
Mit bloßem Auge sieht man auf der Mondoberfläche hellere und dunklere Gebiete, darin einzelne helle Flecken. Bei zunehmender Mondphase erkennt man im nordwestlichen Quadranten des Mondes das dunkle, elliptische Mare Crisium. Die gleichmäßig dunklen Gebiete werden aus historischen Gründen Maria (Einzahl: Mare) genannt (wobei die Betonung auf der ersten Silbe liegt), weil sie die Menschen früher an ausgedehnte Meeresgebiete erinnerten, als noch Wasser auf dem Mond vermutet wurde. In Wirklichkeit handelt es sich aber um große Ebenen aus dunkler, erstarrter Lava. Die helle-

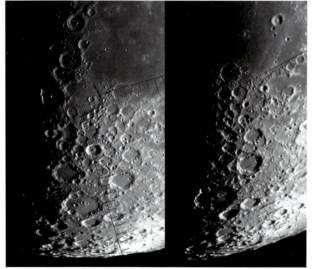

Anblick des Mondterminators an zwei aufeinanderfolgenden Tagen

ren Gebiete der Mondoberfläche sind von Kratern durchsetzte Gebirgslandschaften mit einem höheren Rückstrahlvermögen des Sonnenlichtes.

Man könnte die Ansicht vertreten, der Mond sei am besten bei Vollmond zu beobachten. Dann ist zwar der ganze Mond auf einmal zu sehen, erscheint im Fernrohr aber kontrastarm und langweilig. Feine Strukturen sind nur in der Nähe der Licht-Schatten-Grenze, dem „Terminator", plastisch zu erkennen und hübsch anzuschauen. Steigt die Sonne für einen bestimmten Krater am Mondhimmel höher, so werden dessen Schatten immer kürzer, bis bei Vollmond schließlich gar keine Schatten mehr zu sehen sind. In der Nähe des Terminators hingegen sind die Schatten lang, der Kontrast ist groß und es werden auch ganz flache Bodenstrukturen erkennbar: Flache Wellen in den großen Ebenen, Rillen, die an Flussläufe erinnern, Krater mit und ohne Zentralberg, Gebirge und Gebirgstäler, Kegel erloschener Vulkane und Strukturen in den großen Kratern. Es ist daher sehr interessant, die Mondoberfläche von Tag zu Tag bei wechselnden Mondphasen entlang des Terminators zu beobachten und scheinbare Veränderungen bei den sich ändernden Beleuchtungsverhältnissen zu verfolgen.

Der Mond im Fernglas

Ein Fernglas oder Feldstecher zeigen bereits viel mehr Einzelheiten auf der Mondoberfläche als das unbewaffnete Auge. Die großen

Die unterschiedlichen Phasengestalten des Erdmondes

Der große Krater Kopernikus ist einer der schönsten auf dem Mond.

DIE OBJEKTE DES SONNENSYSTEMS

Bei einer totalen Mondfinsternis erscheint der Vollmond dunkelrot.

Strukturen am Mondterminator lassen sich von Tag zu Tag gut verfolgen.
Steht der Mond kurz vor oder kurz nach der Neumondstellung, dann hilft der Feldstecher, den Mond in der hellen Abend- oder Morgendämmerung zu finden. Interessant sind auch die Situationen, wenn der Mond einem hellen Stern oder Planeten begegnet oder ihn gar bedeckt.

Mondfinsternisse

Etwa zweimal im Jahr kann der Vollmond in den Schatten der Erde eintreten – eine Mondfinsternis findet statt. Nicht jede Mondfinsternis ist für einen bestimmten Ort beobachtbar, denn der Mond muss für den Beobachter auch über dem Horizont stehen. Der Schatten der Erde besteht aus dem größeren Halbschatten und dem darin liegenden kleineren Kernschatten.

Danjon-Skala für Mondfinsternisse

Erscheinungsbild des Mondes	Skalenwert
► Zur Finsternismitte sehr dunkel, (fast) unsichtbar	0
► Dunkelgrau oder bräunlich, Formationen sind kaum erkennbar	1
► Dunkel- oder rostrot, mit helleren Zonen nahe dem Schattenrand	2
► Ziegelrot, mit zumeist gelblichem Rand	3
► Kupferfarben oder orange, sehr hell mit gelegentlich bläulichem Rand	4

Je nachdem, wie nah der Mond dem Erdschatten kommt, findet eine reine Halbschattenfinsternis, eine partielle Mondfinsternis oder eine totale Mondfinsternis statt. Bei einer Halbschattenfinsternis ist fast nichts zu erkennen, das Mondlicht wird nur wenig abgeschwächt. Tritt der Vollmond jedoch in den Kernschatten ein, so nimmt seine Helligkeit auf etwa 1/40.000 ab. Der Kernschattenbereich ist nicht vollständig unbeleuchtet. Durch die Erdatmosphäre wird der Rotanteil des Sonnenlichtes in diese Zone gelenkt und lässt den verfinsterten Vollmond glutrot am Himmel leuchten.

Zeichnung eines Mondkraters nach Beobachtungen mit einem Amateurteleskop

Südpol des Mondes ab – gehen Sie auf dem Mond spazieren. Wenn Sie Lust dazu haben, greifen Sie doch einmal zu Bleistift und Papier und versuchen, eine markante Mondformation wie die hier oben abgebildete zu zeichnen.

Die Kraterlandschaft des Mondes ist mit jedem Fernrohr ein Erlebnis.

Der Mond im Teleskop

Schon für das kleinste Fernrohr ist der Mond ein tolles Beobachtungsobjekt. Beim Einsatz kleiner Vergrößerungen bis etwa 20 × erinnert der Anblick an das Bild in einem Feldstecher. Suchen Sie sich bei geringer Vergrößerung eine interessant erscheinende Mondformation in der Nähe des Terminators aus und betrachten Sie das Gebiet mit schrittweise steigender Vergrößerung. Neben den Details auf der Mondoberfläche werden Sie bei höherer Vergrößerung die Luftunruhe nicht übersehen. Wenn die Luftruhe es zulässt, gehen Sie bis zur förderlichen Vergrößerung des Instrumentes. Noch höhere Vergrößerungen lassen das Bild dann nur noch dunkler und sehr verwaschen erscheinen. Fahren Sie mit verschiedenen Vergrößerungen den Terminator zwischen Nord- und

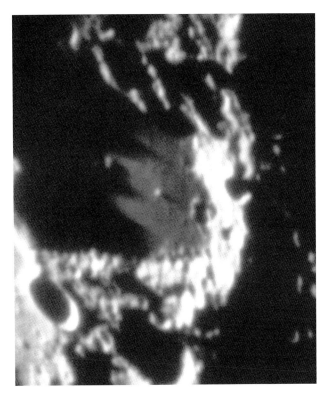

Die Beobachtung der Sonne

- Die Projektionsmethode 91
- Die Filtermethode 91
- Sonnenflecken 92
- Weitere Beobachtungen 94
- Sonnenfinsternisse 97

Auch unser blendend helles Tagesgestirn ist ein interessantes Beobachtungsobjekt – so man die entsprechenden Techniken anwendet. Jeder wird sich daran erinnern, wie man mit einer Lupe das Sonnenlicht dazu benutzen kann, ein Blatt Papier in Brand zu stecken. **Niemals darf man daher mit bloßem Auge, einem Fernglas oder Teleskop ohne entsprechende Schutzmaßnahmen in die Sonne schauen!**

Völlig ungeeignet sind die manchen Teleskopen beiliegenden Okular-Sonnenfilter. Sie können platzen und dann das gebündelte Sonnenlicht in das ungeschützte Auge gelangen lassen – ein irreparabler Augenschaden wäre die Folge. Zur gefahrlosen und bequemen Beobachtung der Sonne bieten sich zwei Möglichkeiten an: die Projektionsmethode und der Einsatz eines (leider recht teuren) Objektiv-Sonnenfilters.

Die Projektion der Sonnenscheibe auf einen Schirm ist die einfachste und sicherste Art der Sonnenbeobachtung.

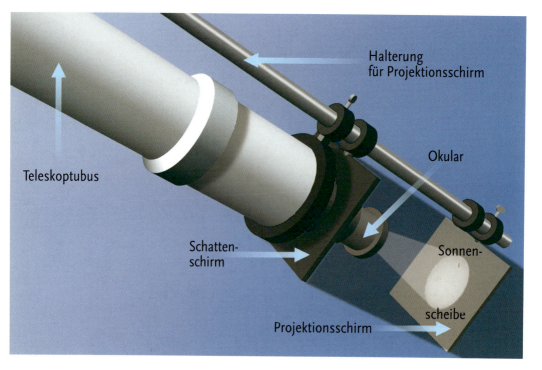

DIE BEOBACHTUNG DER SONNE

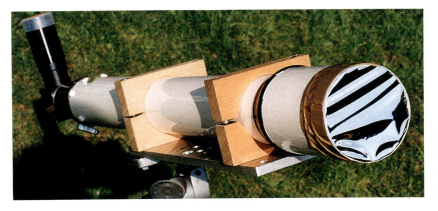

Spezielle Sonnenfilter-Folie ist nicht viel schlechter, dafür aber sehr viel günstiger als entsprechende Glas-Sonnenfilter.

Die Projektionsmethode

Das Teleskop (oder auch der Feldstecher) wird als Projektionsgerät eingesetzt. Man schaut also nicht wie sonst durch das Teleskop hindurch, sondern betrachtet das auf eine kleine „Leinwand" geworfene Sonnenbild. Diese Leinwand ist der Sonnenprojektions-Schirm, den es im Fachhandel zu kaufen gibt oder den man sich auch selbst bauen kann. Im einfachsten Fall genügt ein weißes Blatt Papier, um das Prinzip zu testen.

Zuerst verschließt man das Sucherfernrohr mit der vorderen Abdeckung, damit es nicht ungewollt zum Brennglas wird. In das Teleskop wird ein langbrennweitiges Okular eingesetzt und dann die Sonne eingestellt – natürlich ohne hineinzusehen! Dazu betrachtet man den Schatten, den das Teleskop auf den Boden wirft. Der Schatten ist zunächst länglich und wird kreisrund, sobald der Tubus genau auf die Sonne gerichtet ist. Es fällt helles Licht auf den Projektionsschirm, das Sonnenbild erscheint und muss noch mit dem Okularauszug scharf gestellt werden. Vorsicht, hinter dem Okular wird es heiß! Da sich auch das Okular erwärmt, benutzt man zur Sonnenprojektion nur einfache, unverkittete Okulare. Dies ist die ungefährlichste Art, die Sonne zu beobachten.

Die Filtermethode

Wie oben bereits erwähnt, eignen sich die Okular-Sonnenfilter nicht zur sicheren Sonnenbeobachtung. Also diese Filter besser gleich wegwerfen!

Aber welches Filter eignet sich zur Sonnenbeobachtung? Ganz einfach: Ein Sonnenfilter gehört **vor** das Teleskop oder den Feldstecher. Dunkle Schweißgläser sind ebenfalls ungeeignet. Sie dämpfen zwar das Licht im richtigen Maße, lassen aber die (für uns unsichtbare) Infrarot- und UV-Strahlung passieren, die das menschliche Auge unbemerkt schädigen wird.

Im Teleskop-Fachhandel werden Sonnenfilter angeboten, die für die visuelle Beobachtung geeignet sind.

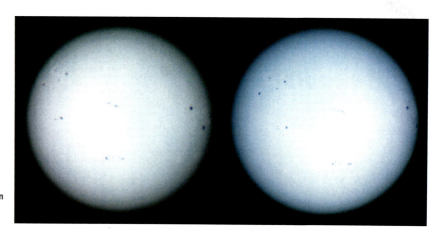

Die Entwicklung der Sonnenflecken im Abstand von einem Tag

Ihr entscheidender Vorteil: Sie sind verspiegelt und reflektieren das Sonnenlicht, so dass es weder in das Teleskop eindringen noch sich das Filter aufheizen kann. Man unterscheidet Glas- und Folienfilter. Ein Sonnenfilter vor der Teleskopöffnung muss die richtige Größe besitzen und vor Herabfallen gesichert werden. An Glas-Sonnenfilter werden – wie an ein Teleskop-Objektiv – höchste Qualitätsansprüche gestellt, damit sie das Abbild der Sonne nicht verschlechtern. Gute Glasfilter sind die optimale Lösung, haben aber ihren Preis. Eine preiswerte Alternative sind Folienfilter mit der so genannten „Mylar-Folie". Dies ist eine sehr dünne, beidseitig metallbeschichtete Kunststofffolie, die lose oder auch bereits gefasst angeboten wird. Einen passenden Papp- oder Holzrahmen kann man sich aber leicht selbst basteln und so auf die (teure) Fassung verzichten. Glasfilter und Mylar-Folie werden mit verschiedenen Lichtdurchlässigkeiten angeboten, für die visuelle Beobachtung benutzt man die (dunkleren) Filter der Dichte 5, für ausschließlich fotografische Beobachtung die ein sehr viel helleres Sonnenbild erzeugenden Filter der Dichte 3.

Sonnenflecken

Was kann man nun, ob mit Projektion oder Objektivfilter, auf der Sonnenscheibe beobachten? Die Sonne ist keine weiße Scheibe, wie man zunächst vermuten könnte. Schon seit Jahrhunderten ist bekannt, dass die Sonne manchmal dunkle Flecken zeigt; manche sind so groß, dass man sie sogar mit bloßem Auge sehen könnte, wenn die Sonne nicht so hell wäre. Diese Sonnenflecken sind fast immer auf der Sonnenoberfläche anzutreffen, mal mehr, mal weniger zahlreich. Es gibt große und kleine Sonnenflecken, die oft auch in Gruppen auftreten. Sonnenflecken sind veränderlich und ihre Lebensdauer, die zwischen Stunden und Monaten liegt, ist endlich: Etwa 90 % aller

Fleckengruppen sind nach zehn Tagen wieder verschwunden. Beobachtet man die Sonnenflecken Tag für Tag, so ist eine deutliche Positionsveränderung festzustellen, hervorgerufen durch die Rotation der Sonne (am Sonnenäquator einmal in 25 Tagen).
Betrachtet man einen mittelgroßen Sonnenfleck genauer, so erkennt man in seinem Zentrum eine sehr dunkle „Umbra", die von der etwas helleren „Penumbra" umgeben ist. Im Gegensatz zur 5700 Grad heißen Sonnen„oberfläche" (der Photosphäre) ist die Temperatur der Sonnenflecken um etwa 1500 Grad geringer – sie erscheinen uns daher dunkel. Komplexe Fleckengruppen laden zur detaillierteren Beobachtung oder Zeichnung ein.
Die Verfolgung der Entwicklung einer großen Fleckengruppe gehört zu den faszinierendsten Beobachtungen für einen Amateur-Astrono-

Temperaturskalen

Die im Alltag gebräuchliche Temperaturskala (Celsiusskala) orientiert sich an den willkürlich ausgewählten Fixpunkten von Wasser unter „Normalbedingungen" (= Luftdruck 1013 Hektopascal): Destilliertes Wasser gefriert bei 0 °C (sprich: Null Grad Celsius) und siedet bei 100 °C. In der Astronomie wird dagegen meist die so genannte absolute oder Kelvintemperatur benutzt, die vom absoluten Nullpunkt ausgeht, bei dem alle Molekularbewegung zum Erliegen kommt: 0 K (sprich: Null Kelvin) = –273,15 °C, 273,15 K = 0 °C, 373,15 K = 100 °C; mit anderen Worten sind Temperaturdifferenzen in beiden Skalen gleich, nur der Nullpunkt der Kelvinskala liegt 273,15 Grad unter dem der Celsiusskala.
Da dieser Unterschied bei sehr hohen Temperaturen vernachlässigbar klein wird, kann man jenseits von 30.000 Kelvin bedenkenlos auf eine Differenzierung zwischen beiden Skalen verzichten (die Abweichung ist dann kleiner als 1 Prozent) und allgemein von „Temperatur-Graden" sprechen.

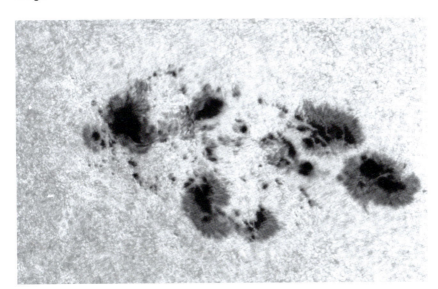

Detailreiche Großaufnahme einer Sonnenflecken-Gruppe. Deutlich ist die dunkle Umbra von der helleren Penumbra zu unterscheiden.

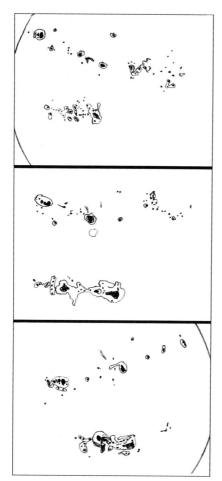

Die Veränderung einer Sonnenflecken-Gruppe über drei Tage in einer Zeichnung festgehalten

men. Sonnenflecken und -gruppen können z. B. nach dem Schema von Waldmeier (siehe Abb. rechts) klassifiziert werden.

Die Sonnenflecken-Relativzahl

Von großem statistischem Interesse ist die Ermittlung der 1848 von Max Wolf eingeführten Sonnenflecken-Relativzahl (R), einem Maß für die Häufigkeit von Sonnenflecken zum Beobachtungszeitpunkt: $R = k \times (10 \times g + f)$. Dabei ist g die Zahl der Fleckengruppen und f die Gesamtzahl aller Flecken auf der Sonne. Befindet sich nur ein einziger Fleck auf der Sonne so ist $R = 11$. Bei einer Gruppe mit fünf Flecken ist $R = 15$. Fünf unabhängige Einzelflecken ergeben $R = 55$. Der Faktor k bezeichnet, wie stark sich die zum selben Zeitpunkt ermittelten Relativzahlen verschiedener Beobachter mit unterschiedlichen Instrumenten voneinander unterscheiden. Wenn Sie eine eigene Beobachtungsreihe über einen längeren Zeitraum anstellen und danach Ihre Beobachtungen mit den veröffentlichten, als korrekt anerkannten Beobachtungen vergleichen, so können Sie den k-Faktor für Ihre Beobachtungen ableiten. Danach können Ihre Beobachtungen in die zukünftige Sonnenfleckenstatistik einfließen. Wenn Sie systematisch die Sonne beobachten möchten, dann empfiehlt sich die Mitarbeit in einer Beobachtergruppe wie z. B. in der „Fachgruppe Sonne der Vereinigung der Sternfreunde".

Die langjährige Statistik der Sonnenflecken-Relativzahl beweist, dass es einen regelmäßigen, durchschnittlich 11,1 Jahre dauernden Zyklus in der Häufigkeit von Sonnenflecken gibt. Etwa alle 11 Jahre findet das Häufigkeitsmaximum statt (so zum Beispiel in den Jahren 1969, 1979, 1990, 2000).

Weitere Beobachtungen

Besonders am Sonnenrand fallen neben dunklen Sonnenflecken auch

DIE BEOBACHTUNG DER SONNE

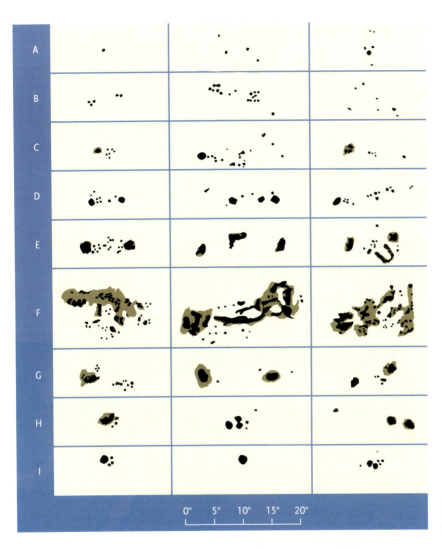

Das Klassifikations-Schema für Sonnenflecken nach Waldmeier

hellere Gebiete auf: Diese Sonnenfackeln erscheinen als helle Lichtadern – aktive Zonen etwas höherer Temperatur als die der ruhigen Photosphäre. Ähnlich wie Sonnenflecken lassen sich auch Fackeln systematisch beobachten.
Bei sehr ruhiger Luft (etwa am frühen Morgen), einem Teleskop mit mindestens 10 cm Öffnung und höherer Vergrößerung lässt sich die Granulation erfassen. Die Sonnenoberfläche besteht aus einer feinen, körnigen Struktur, den Granulen. Die einzelnen Granulen sind mit einer linearen Ausdehnung von 800 bis 1500 Kilometern recht winzige Gebilde, sie erscheinen unter

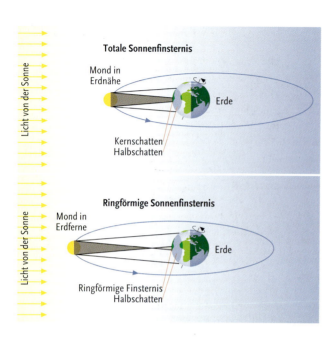

Schema der Entstehung einer totalen (oben) und ringförmigen Sonnenfinsternis (unten)

einem Winkeldurchmesser von noch nicht einmal zwei Bogensekunden.

Über der Photosphäre liegt eine kühlere, dunkle Schicht, die „Chromosphäre". Sie ist nur in speziellen Sonnenfiltern erkennbar, die ausschließlich das rote Licht des Wasserstoffs bei einer Wellenlänge von 656 nm durchlassen. So wird die helle Photosphäre ausgeblendet und die Chromosphäre leuchtet rot. Diese Filter sind im Fachhandel erhältlich und leider sehr teuer – eine Disziplin für erfahrene Beobachter.

Oberhalb der Chromosphäre liegt die ausgedehnte Sonnenkorona, die nur bei einer totalen Sonnenfinsternis sichtbar wird. Aus der Chro-

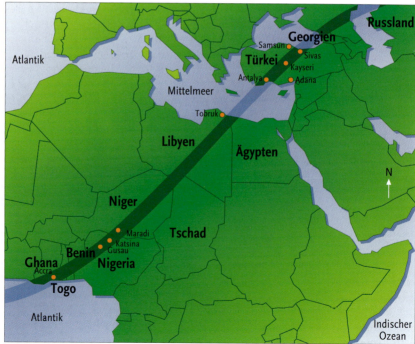

Der Schattenpfad der totalen Sonnenfinsternis am 29. März 2006 verläuft über Afrika und die Türkei.

mosphäre können riesige Gaseruptionen herausschießen, die „Protuberanzen". Sie leuchten rot im Licht des Wasserstoffs und sind während einer totalen Sonnenfinsternis mit bloßem Auge, sonst mit dem so genannten „Protuberanzenfernrohr" beobachtbar; auch dies ist eine teure und anspruchsvolle Technik.

Sonnenfinsternisse

Insbesondere totale Sonnenfinsternisse gehören zu den beeindruckendsten Schauspielen, die uns die Natur bietet. Dabei wandert der Neumond genau zwischen Erde und Sonne hindurch und kann so seinen Schatten auf die Erdoberfläche werfen. Obwohl Sonnenfinsternisse noch häufiger auftreten als Mondfinsternisse, sind sie von einem bestimmten Punkt auf der Erde nur sehr selten zu beobachten. Während Mondfinsternisse von der ganzen Nachtseite der Erde aus sichtbar sind, können Sonnenfinsternisse nur von einem kleinen Teil der Tagseite aus beobachtet werden. Der Mondschatten überstreicht nur einen schmalen Pfad auf der Erdoberfläche. Ausschließlich an Orten innerhalb dieses Pfades kann eine totale Sonnenfinsternis beobachtet werden, außerhalb erscheint die Sonne nur partiell (teilweise) verfinstert.
Bei einer partiellen Verfinsterung der Sonne durch den Mond bleibt ein (mehr oder weniger großer) Teil der Sonnenoberfläche sichtbar. Zur Beobachtung sind die gleichen Techniken (Projektion, Objektivfilter) und Vorsichtsmaßnahmen anzuwenden wie bei der „normalen" Sonnenbeobachtung.
Bei einer ringförmigen Sonnenfinsternis befindet sich der Mond gerade nicht im erdnahen Teil seiner Umlaufbahn um die Erde. Sein Winkeldurchmesser ist daher zu gering, um die Sonne vollständig abdecken zu können. Die Sonne bleibt als heller Ring um den Neumond sichtbar; auch hier Beobachtungen nur mit Sonnenfiltern oder Projektion durchführen.
Totale Sonnenfinsternisse sind das Nonplusultra für den Beobachter. Hier befindet sich der Mond in der Nähe des erdnächsten Punktes seiner Bahn (Perigäum) und deckt die Sonne vollständig ab. Nur während der kurzen Phase der totalen Verfinsterung sind ungeschützte Beobachtungen möglich. Dann erkennt man die roten Protuberanzen am Sonnenrand und den Strahlenkranz der Sonnenkorona, die äußerste atmosphärische Hülle der Sonne.

Aufnahme der total verfinsterten Sonne

Die Beobachtung der Planeten

▶ Planetenbeobachtung mit dem Fernglas	98	▶ Die äußeren Planeten	104
▶ Planetenbeobachtung mit dem Teleskop	99	▶ Die lichtschwachen Planeten	105
▶ Die inneren Planeten	100	▶ Kleinplaneten	119
		▶ Sternschnuppen	121
		▶ Kometen – Wanderer im All	126

Planetenbeobachtung mit dem Fernglas

Auf den ersten Blick unterscheidet sich das Antlitz eines Planeten im Fernglas nicht von dem mit bloßem Auge. In beiden Fällen sieht man einen hellen Punkt, das Planetenscheibchen ist im Fernglas wegen der zu geringen Vergrößerung kaum zu erkennen. Untenstehende Tabelle zeigt, wie groß Sonne, Mond und Planeten am Himmel erscheinen, welchen Winkeldurchmesser sie also für Beobachter auf der Erde besitzen.

Im Vergleich zu Sonne und Mond erscheinen die Planeten geradezu winzig. Den größten Winkeldurchmesser erreicht noch unser Nachbarplanet Venus, weil er der Erde am nächsten kommt. Selbst der Riesenplanet Jupiter erscheint aufgrund seiner großen Entfernung von der Erde kleiner. Die scheinbaren Durchmesser der Planeten schwanken so entsprechend ihrer wechselnden Entfernung recht stark, ebenso ihre scheinbaren Helligkeiten.

Bei den Planeten Venus bis Saturn kann man aber auch im Feldstecher zumindest erkennen, dass es sich um kleine Scheibchen handelt. Venus zeigt deutlich ihre Phasengestalten, bei Jupiter sind seine vier hellsten Monde leicht auszumachen. Den Ring des Saturn wird man im Fernglas nicht erkennen, wohl aber seinen 8^m hellen Mond Titan. Die Bewegung der hellsten Monde um Jupiter und die von Titan um Saturn herum kann man im Verlauf von Stunden oder Tagen im Feldstecher verfolgen. Lediglich etwas Geduld ist erforderlich, um diese kosmischen Bewegungen zu erleben. Um die Positionen von Stunde zu Stunde oder von Tag zu

Winkeldurchmesser und Helligkeiten der Planeten

Objekt	Winkeldurchmesser	scheinbare Helligkeit	
Sonne	$31{,}5' \ldots 32{,}5'$	$-26{,}7^m$	
Mond	$29{,}8' \ldots 34{,}1'$	bis zu $-12{,}6^m$	
Merkur	$4{,}6'' \ldots 12{,}6''$	$+5{,}6^m$ $\ldots$	$-2{,}2^m$
Venus	$9{,}6'' \ldots 64{,}3''$	$-3{,}9^m$ $\ldots$	$-4{,}7^m$
Mars	$3{,}5'' \ldots 25{,}2''$	$+1{,}8^m$ $\ldots$	$-2{,}9^m$
Jupiter	$30{,}5'' \ldots 50{,}1''$	$-1{,}9^m$ $\ldots$	$-2{,}9^m$
Saturn	$14{,}9'' \ldots 20{,}8''$	$+0{,}5^m$ $\ldots$	$-0{,}4^m$
Uranus	$3{,}3'' \ldots 4{,}1''$	$+5{,}9^m$ $\ldots$	$+5{,}6^m$
Neptun	$2{,}2'' \ldots 2{,}4''$	$+8{,}0^m$ $\ldots$	$+7{,}8^m$
Pluto	$0{,}1''$	$+14{,}0^m$ $\ldots$	$+13{,}5^m$

Tag besser verfolgen zu können, ist eine Zeichnung der Mondstellungen zum Vergleich mit der nächsten Beobachtung hilfreich.
Bei den entfernteren Planeten Uranus und Neptun besteht der Reiz darin, die für das bloße Auge unsichtbaren Planeten mit dem Fernglas aufzufinden; man erkennt allerdings nur einen sternähnlichen Punkt. Pluto ist für Feldstecher viel zu lichtschwach, er kann nur mit einem größeren Teleskop als lichtschwaches Sternchen der 14. Größe beobachtet werden.

Planetenbeobachtung mit dem Teleskop

Der Anblick eines Planeten im Teleskop ist für viele Astro-Einsteiger der erste große „Aha-Effekt". Plötzlich sieht man deutlich die Sichel der Venus, Wolkenbänder auf Jupiter oder den Ring des Saturn. Der große Vorteil des Teleskops ist hier seine variable Vergrößerung und feste Aufstellung, die gerade bei der Planetenbeobachtung enorm wichtig ist. Bei höheren Vergrößerungen bis hin zur „förderlichen Vergrößerung" (siehe Seite 66) können bei Mars, Jupiter und Saturn Oberflächeneinzelheiten beobachtet werden.
Ein einschränkender Faktor bei der Planetenbeobachtung (besonders bei etwas größeren Teleskopen) ist, wie auch bei Sonne und Mond, die Luftunruhe, oft mit dem englischen Begriff „Seeing" bezeichnet. Die Luftunruhe bewirkt, dass sich in einem Moment das Planetenscheibchen scharf, im nächsten unscharf

Die Jupitermonde können bereits mit einem Fernglas beobachtet werden.

darstellt und das Bild ständig in Bewegung ist. In den Momenten guter Luftruhe mit einem scharfen Planetenbild sind dann aber feine Strukturen auf den Planetenoberflächen zu erkennen, die sich dem Gehirn einprägen. Von diesen fantastischen Momenten schwärmt der Beobachter noch lange.

Planeten am Taghimmel

Die hellen Planeten Merkur bis Saturn können auch am Taghimmel beobachtet werden. Besonders Venus ist recht einfach zu finden (manchmal sogar mit bloßem Auge) – wenn man weiß, wo man sie zu suchen hat. Das eigentliche Problem besteht also im Auffinden des Objektes. Ist die Montierung des Teleskops richtig ausgerichtet und mit Teilkreisen ausgestattet, dann kann der gesuchte Planet mit Hilfe seiner Koordinaten Rektaszension und Deklination eingestellt werden. Da das Einstellen nach absoluten Koordinaten den fest aufgestellten Teleskopen vorbehalten bleibt, benutzt man in diesem Fall die relativen Werte zu einem deutlich sichtbaren Objekt – der Sonne oder dem Mond. Bitte beachten Sie dabei unbedingt die Sicherheitshinweise bei der Sonnenbeobachtung (siehe Seite 91)! Die jeweiligen Koordinaten entnimmt man einem astronomischen Jahrbuch oder einem Computerprogramm. Nachdem Sonne oder Mond eingestellt sind, werden die Teilkreise möglichst genau auf diese Koordinaten eingestellt und festgeklemmt. Anschließend schwenkt man das Teleskop auf die Koordinaten des gesuchten Planeten. Mit möglichst kleiner Vergrößerung sollte man erfolgreich sein und den Planeten im Gesichtsfeld des Okulars sehen können.

Eine andere Möglichkeit bietet sich bei den gar nicht seltenen Gelegenheiten, wenn der Mond in der Nähe eines Planeten steht und als Wegweiser dient. Diese Konjunktionen zwischen Mond und Planeten sind in den astronomischen Jahrbüchern aufgeführt.

Die inneren Planeten

Merkur

Merkur ist das sonnennächste und (nach Pluto) zweitkleinste Mitglied der Sonnenfamilie: Sein Durchmesser beträgt nur 4878 Kilometer, und seine Masse erreicht gerade einmal 5,5 Prozent der Erdmasse. Daraus resultiert eine recht geringe Oberflächenschwerkraft, die nicht ausreicht, eine nennenswerte Atmosphäre festzuhalten. So ist die von zahllosen Einschlagkratern zernarbte Oberfläche der intensiven Sonneneinstrahlung schutzlos ausgesetzt, und die Temperaturen steigen tagsüber auf rund 425 °C, während sie in der etwa drei Monate dauernden Nacht bis auf unter −180 °C sinken.

Merkur umrundet die Sonne innerhalb von knapp 88 Tagen auf einer ziemlich elliptischen Bahn; dabei schwankt der Abstand zwischen 46 und 70 Millionen Kilometern. Eine siderische Rotation (also eine Umdrehung um seine eigene Achse = ein Sterntag) dauert rund 58,5 Tage oder zwei Drittel eines Merkurumlaufs um die Sonne. Aus der Überlagerung von Rotation und Sonnenumlauf ergibt sich eine synodische Rotationsdauer (Sonnentag) von 176 Tagen oder zwei Merkurjahren.

Die kraterübersäte Oberfläche von Merkur gleicht der des Erdmondes.

DIE BEOBACHTUNG DER PLANETEN

Verwunderlich ist die große mittlere Dichte des Planeten, die nur geringfügig unter dem entsprechenden Wert der Erde liegt: Merkur besitzt offenbar einen riesigen Eisenkern, der rund drei Viertel der Strecke bis zur Merkuroberfläche reicht. Damit ähnelt Merkur im Innern der Erde, während sein äußeres Erscheinungsbild dem Mond gleicht – nur passen diese beiden Teile nicht richtig zusammen. Manche Forscher nehmen deshalb an, dass Merkur ursprünglich größer war als heute und in einer frühen Phase von einem ziemlich großen Asteroiden fast zertrümmert wurde. Während ein Großteil der äußeren Gesteinskruste dabei weggesprengt wurde, blieb der im heutigen Maßstab „übergroße" Eisenkern erhalten.

Anfang der 1990er Jahre überraschten einige Astronomen ihre Kollegen mit der Meldung, dass sie bei Radarbeobachtungen Hinweise auf die Existenz von Eis im Bereich der Polarregionen gefunden hätten. Tatsächlich gibt es zumindest am Merkursüdpol einen etwa 150 Kilometer großen Krater, dessen Boden teilweise dauerhaft im Schatten der Kraterränder liegt. Das Eis könnte von Kometenaufschlägen in der Vergangenheit stammen.

Bislang ist nur eine Raumsonde – insgesamt dreimal – an Merkur vorbeigeflogen und hat dabei Bilder und Daten zur Erde übermittelt. Voraussichtlich im Jahre 2004 will die europäische Weltraumagentur ESA eine neue Merkursonde auf den Weg bringen, die nach zwei Vorbeiflügen an der Venus den Merkur im Jahre 2008 zunächst zweimal passieren und anschließend in eine Umlaufbahn um den sonnennächsten Planeten einschwenken soll.

Unser Nachbarplanet Venus ist von einer dichten Atmosphäre umgeben.

Venus

Die Venus ist unser innerer Nachbarplanet und wurde aufgrund ihrer Größe lange Zeit als die „kleine Schwester" der Erde angesehen: Mit einem Durchmesser von 12.104 Kilometern ist Venus nur geringfügig kleiner als unser Heimatplanet. Sie umrundet die Sonne innerhalb von knapp 225 Tagen auf einer nahezu kreisförmigen Bahn in rund 108 Millionen Kilometern Abstand und kann dabei bis auf weniger als 40 Millionen Kilometer an die Erde heranrücken – näher als jeder andere Planet. Dennoch wussten die Astronomen aufgrund einer undurchsichtigen Wolken-

Radarbeobachtungen der Venusoberfläche zeigen erloschene Vulkane und eine zerklüftete Planetenoberfläche.

decke bis in die sechziger Jahre des 20. Jahrhunderts recht wenig von der Venus. Dies änderte sich erst, als im Dezember 1962 die Raumsonde Mariner 2 erste Messdaten von Venus zur Erde funkte.

Heute gilt die Venus als heiße Hölle, die den Namen der römischen Liebesgöttin zu Unrecht trägt. So würde ein Thermometer überall auf der Venus eine Temperatur von rund 475 °C anzeigen, während ein Barometer einen 90-mal höheren Luftdruck als am Erdboden messen würde. Ursache für diese höllischen Umweltbedingungen ist der extrem hohe Anteil an Kohlendioxid in der Venusatmosphäre: Er hat in der Vergangenheit über den unvermeidlichen Treibhauseffekt zu einer Klimakatastrophe geführt, in deren Verlauf jegliches ursprünglich vorhanden gewesene Wasser in den Weltraum entwichen ist. Doch damit nicht genug: Die undurchsichtigen Wolkenschichten zwischen 50 und 80 Kilometern Höhe bestehen aus Tröpfchen 75-prozentiger Schwefelsäure.

Da die Wolken einen Blick auf die Oberfläche der Venus versperren, konnten erst Radarsatelliten die Landschaft der Venus erfassen. Seit der sehr erfolgreichen Magellan-Mission zu Beginn der 1990er Jahre kennen die Planetenforscher zwei größere, an irdische Kontinente erinnernde Hochlandregionen sowie mehrere Gebirgszonen, die vermutlich vulkanischen Ursprungs sind; der Rest erwies sich als mehr oder minder flaches Tiefland, das von weit reichenden Lavaströmen überzogen erscheint. Mit Radarmessungen von der Erde aus konnte 1965 erstmals die Rotationsdauer der Venus bestimmt werden: Für eine Umdrehung relativ zu den Sternen benötigt die Venus etwa 243 irdische Tage, wobei die Rotation allerdings in der entgegengesetzten Richtung abläuft wie bei der Erde und den meisten übrigen Planeten. Durch die Überlagerung von rückläufiger Rotation und rechtläufigem Umlauf um die Sonne dauert ein Sonnentag auf der Venus etwa 116 Tage.

Der innere Aufbau der Venus dürfte dem unserer Erde sehr ähnlich sein: Vermutlich hat die Venus eine rund hundert oder mehr Kilometer dicke Kruste, die tektonische Bewegungen wie innerhalb der Erdkruste nahezu unmöglich macht. Nach innen folgt ein knapp 3000 Kilometer dicker Gesteinsmantel, der einen Eisenkern mit einem Durchmesser von rund 6000 Kilometern umgibt. Dass die Venussonden bei unserem inneren Nachbarplaneten bislang kein Magnetfeld nachweisen konnten, liegt möglicherweise

DIE BEOBACHTUNG DER PLANETEN

Merkur und Mond am Abendhimmel

an der extrem langsamen Rotation der Venus, die im Kernbereich kaum zu „turbulenten" Strömungen führen dürfte, falls der Kern überhaupt flüssig ist.

Merkur und Venus beobachten

Die beiden inneren Planeten Merkur und Venus zeigen ähnlich wie der Mond Phasengestalten, da wir von der Erde aus mal auf ihre voll beleuchtete Tagseite blicken (Voll-Merkur bzw. Voll-Venus) und mal auf ihre unbeleuchtete Nachtseite (Neu-Merkur, Neu-Venus). Im ersten Fall steht der Planet von der Erde aus gesehen weit hinter der Sonne (obere Konjunktion), im letzteren Fall zieht der Planet zwischen Sonne und Erde hindurch (untere Konjunktion). Im Zeitraum dazwischen sind alle Phasengestalten erkennbar. Hat der Planet von der Erde aus gesehen seinen größtmöglichen Winkelabstand (Elongation) von der Sonne erreicht, zeigt er uns ungefähr seine Halb-Phase. Zum Zeitpunkt der oberen Konjunktion stehen die beiden Planeten unbeobachtbar am Taghimmel neben oder hinter der Sonne. Dann ist wegen der größtmöglichen Entfernung von der Erde auch ihr scheinbarer Durchmesser am kleinsten (siehe auch Tabelle auf Seite 98). Zum Zeitpunkt der unteren Konjunktion ist er hingegen am größten. Während die Venus unter günstigen Umständen zur Zeit der unteren Konjunktion beobachtet werden kann, ist Merkur nur während kurzer Zeiträume erkennbar, nämlich um die Tage seiner größten Elongation von der Sonne.

Anblick der Venus-Sichel im Teleskop

Die größte Elongation Merkurs schwankt wegen seiner stark elliptischen Umlaufbahn um die Sonne zwischen 18° und 28°. Dadurch ist der gelblich scheinende Planet stets nur in der Abend- oder Morgendämmerung beobachtbar. Die Beobachtungsbedingungen sind aufgrund der geringen Horizonthöhe ziemlich miserabel. Mehr als die Sichtbarkeit der Phasengestalt kann man mit Amateurmitteln nicht beobachten.

Der hellste Planet Venus kann eine größte Elongation von 47° erreichen und damit unter günstigen Umständen am Abendhimmel bis nach Mitternacht über dem Horizont stehen. Wegen des relativ großen scheinbaren Durchmessers von bis zu über einer Bogenminute sind die Phasengestalten gut zu erkennen. Oberflächeneinzelheiten sind allerdings überhaupt nicht auszumachen, da der weiß leuchtende Planet von einer dichten, im visuellen Licht strukturlosen Wolkenhülle umspannt wird. Ein Hinweis auf die Planetenatmosphäre ist in den Tagen um die untere Konjunktion zu sehen, wenn die Hörnerspitzen der dünnen Venussichel sich zu berühren scheinen.

Die äußeren Planeten

Mars – der rote Planet

Der Mars ist unser äußerer Nachbarplanet. Er umrundet die Sonne innerhalb von 687 Tagen auf einer vergleichsweise elliptischen Bahn; dabei schwankt sein Abstand zwischen knapp 207 Millionen und 249 Millionen Kilometern. Wenn die Erde den Mars auf der Innenbahn überholt, kann die Oppositionsentfernung im günstigsten Fall auf weniger als 56 Millionen Kilometer schrumpfen. Im Sommer 2003 erreicht Mars eine seiner günstigsten Oppositionsstellungen überhaupt.

Mit einem Durchmesser von 6794 Kilometern steht Mars unter den Planeten auf dem drittletzten Rang. Anders als der kleinere Merkur verfügt er offenbar nicht über einen ausgeprägten Eisenkern, denn die mittlere Dichte fällt deutlich geringer aus als bei Merkur, Erde oder Venus. Dennoch gilt Mars als der erdähnlichste Planet, was nicht nur auf Äußerlichkeiten zurückzuführen ist: Immerhin ist seine Rotationsachse mit rund 24 Grad ähnlich stark geneigt wie die Erdachse, und ein Tag auf Mars dauert nur etwa 40 Minuten länger als ein Tag auf der Erde. Die Erdähnlichkeit basiert vor allem auf der Existenz von Wasser, das als Eis in den Polkappen und an anderen Stellen unter der Marsoberfläche vermutet wird; außerdem deuten zahlreiche Strukturen der Marsoberfläche darauf hin, dass dort früher einmal große Mengen flüssigen Wassers ihre Spuren hinterlassen haben. Entsprechend spekulieren die Wissenschaftler darüber, ob im Laufe der Geschichte auf Mars zumindest einfachste Lebensformen entstanden sind. Allerdings haben Untersuchungen vor Ort, Mitte der 1970er Jahre von den beiden amerikanischen Viking-Sonden vorgenommen, keine positiven Resultate

Unser Nachbarplanet Mars besitzt eine wüstenähnliche, mit Geröll bedeckte Oberfläche.

erbracht, und auch der Nachweis von vermeintlichen Lebensspuren in so genannten Mars-Meteoriten bleibt selbst in der Fachwelt umstritten.

Auch die Marsoberfläche ist von zahlreichen Einschlagkratern zernarbt; sie zeugen von einem heftigen Bombardement in der Frühgeschichte des Sonnensystems. Später haben riesige Vulkane mit ihren Lavaströmen weite Teile der Marsoberfläche neugestaltet. Der größte unter ihnen, Olympus Mons, ragt mehr als 22 km über den mittleren Marsradius auf. Nicht weit entfernt erstreckt sich ein mehrere tausend Kilometer langer Graben nahezu parallel zum Marsäquator von West nach Ost: die Valles Marineris, die eine Tiefe von mehr als 7 Kilometern und eine Breite von über 200 Kilometern erreichen. Heute scheinen nur noch gelegentlich zu beobachtende heftige Staubstürme in einer allerdings sehr dünnen Marsatmosphäre für eine allmähliche Veränderung der Marslandschaft zu sorgen. Der Luftdruck am Boden erreicht nicht einmal ein Prozent des irdischen Luftdrucks, und so bietet diese im Wesentlichen aus Kohlendioxid bestehende Gashülle keinen ausreichenden Schutz gegen die Kälte des Weltraums und die gefährliche Ultraviolettstrahlung der Sonne. Zwar kann die Temperatur an einem warmen Sommertag in Äquatornähe kurzzeitig auf mehr als +10 °C ansteigen, sinkt aber nachts gleich wieder auf unter −60 Grad ab, im Winter sogar auf unter −100 Grad.

Mars wird von zwei winzigen Monden (Phobos und Deimos) umrundet; wahrscheinlich handelt es sich bei ihnen um vor langer Zeit eingefangene Asteroiden.

MARS BEOBACHTEN

Mars gewährt dem Amateur-Astronomen im Vergleich zu Merkur und Venus ungleich mehr Einblick. Zum Zeitpunkt seiner Konjunktion mit der Sonne steht der wegen der Farbe seiner Oberfläche rot leuchtende Planet in größtmöglicher Entfernung von der Erde und zeigt uns demzufolge mit 3,5 Bogensekunden seinen kleinsten möglichen scheinbaren Durchmesser und mit +1,8 Größenklassen auch die geringste Helligkeit. Dann steht Mars aber ohnehin unbeobachtbar in Sonnennähe am Taghimmel.

Die besten Beobachtungsmöglichkeiten bietet uns Mars zum Zeitpunkt seiner Oppositionsstellung, wenn er der Sonne am Himmel gegenübersteht. Dann überholt die Erde auf der Innenbahn den roten Planeten und erreicht so auch den kleinsten Abstand. Mars kann im Idealfall einen scheinbaren Durchmesser von bis zu 25,2 Bogensekunden bei einer Helligkeit von −2,9 Größenklassen erreichen. Etwa vier Monate vor und nach der Oppositionsstellung stehen Mars und Erde in einem so günstigen Winkel zueinander, dass im Teleskop die Phasengestalt des Mars zu erkennen ist: Mars zeigt dann ein nur zu etwa 85 % beleuchtetes Scheibchen.

Da die Umlaufbahn des Mars um die Sonne relativ stark elliptisch ist, kann der Durchmesser des Marsscheibchens unterschiedlich groß ausfallen: Er schwankt zwischen 3,5 und 25,2 Bogensekunden. Entsprechend sind auch die Beobachtungsbedingungen sehr unter-

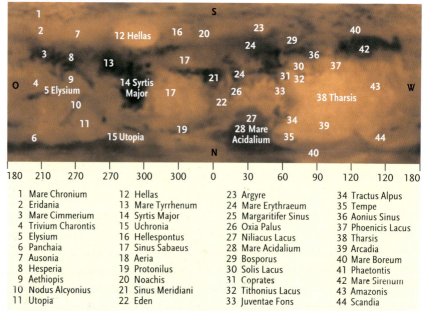

Karte der Marsoberfläche mit den wichtigsten Strukturen

1 Mare Chronium	12 Hellas	23 Argyre	34 Tractus Alpus
2 Eridania	13 Mare Tyrrhenum	24 Mare Erythraeum	35 Tempe
3 Mare Cimmerium	14 Syrtis Major	25 Margaritifer Sinus	36 Aonius Sinus
4 Trivium Charontis	15 Uchronia	26 Oxia Palus	37 Phoenicis Lacus
5 Elysium	16 Hellespontus	27 Niliacus Lacus	38 Tharsis
6 Panchaia	17 Sinus Sabaeus	28 Mare Acidalium	39 Arcadia
7 Ausonia	18 Aeria	29 Bosporus	40 Mare Boreum
8 Hesperia	19 Protonilus	30 Solis Lacus	41 Phaetontis
9 Aethiopis	20 Noachis	31 Coprates	42 Mare Sirenum
10 Nodus Alcyonius	21 Sinus Meridiani	32 Tithonius Lacus	43 Amazonis
11 Utopia	22 Eden	33 Juventae Fons	44 Scandia

DIE BEOBACHTUNG DER PLANETEN

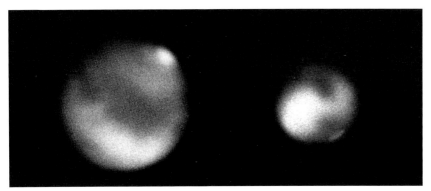

Größenvergleich des Mars-Scheibchens bei einer Perihel- (links) und einer Aphel-Opposition

schiedlich. Hinzu kommt unser Beobachtungsort auf dem Planeten Erde in Mitteleuropa. Ausgerechnet bei den nahen Oppositionen steht der Mars sehr weit südlich am Himmel, wo sich sein Licht durch dicke Luftschichten kämpfen muss und die Luftunruhe am größten ist. Im Teleskop kann man selbst bei geringer Vergrößerung schon die ersten Oberflächeneinzelheiten beobachten. Besonders auffällig sind die strahlend weißen Polkappen. Da der Mars eine dünne Atmosphäre und wie die Erde eine starke Achsneigung besitzt, entstehen Jahreszeiten. Ist der Nordpol des Mars der Sonne zugeneigt, beginnt der (Nord-)Sommer auf dem Planeten und die Nordpolkappe schickt sich an abzuschmelzen. Dieses jahreszeitliche Abschmelzen der Polkappen ist auch mit Amateur-Instrumenten von der Erde aus zu verfolgen. Ein astronomisches Jahrbuch informiert über die Jahreszeit auf Mars und wann z. B. auf der Südhalbkugel des Mars der Sommer beginnt. Auf Zeichnungen des Planetenscheibchens kann man die Ausmaße der Südpolarkappe festhalten und so das Abschmelzen dokumentieren; die Eiskappe wird im Laufe der Monate immer kleiner werden.

Neben den Polkappen sind auch helle und dunkle Strukturen auf der

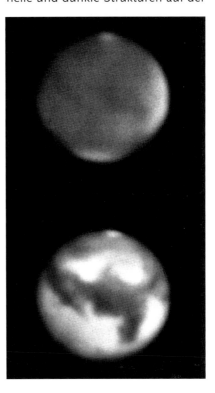

Aufnahmen von Mars mit Rot- (unten) und Blaufilter (oben)

übrigen Marsoberfläche erkennbar. Anhand dieser Strukturen auf der Marsoberfläche kann man die Rotation des Planeten feststellen. Zur genaueren Beobachtung verschiedener Planetenstrukturen empfiehlt sich der Einsatz von Farbfiltern, die in das Okular eingeschraubt werden. Im Fall von Mars erhöht ein Rotfilter den Kontrast der Hell-Dunkel-Strukturen auf der Oberfläche, da die Lichtstreuung durch den in der Marsatmosphäre befindlichen leichten Dunst unterdrückt wird. Ein Blaufilter betont dagegen den atmosphärischen Dunst. Manchmal sind überhaupt keine Oberflächeneinzelheiten erkennbar: Der Mars zeigt nur eine gleichmäßig orangerote Oberfläche. Dann kann es sich um einen großen Staubsturm handeln, der die Atmosphäre des roten Planeten durch aufgewirbelten Sand und Staub undurchsichtig macht. Wie in allen Fällen ist es hilfreich, seine Beobachtungen schriftlich oder durch Zeichnungen festzuhalten, um diese später mit den Ergebnissen anderer Beobachter vergleichen zu können.

Jupiter – der Riesenplanet
Jupiter ist der größte Planet im Sonnensystem: Mit einem Äquatordurchmesser von fast 143.000 Kilometern ist er mehr als elfmal so groß wie die Erde, und seine Masse beträgt rund 318 Erdmassen. Jupiter umrundet die Sonne in mehr als fünffachem Erdabstand und braucht für einen Umlauf knapp zwölf Jahre; dabei schwankt seine Entfernung zur Sonne zwischen 741 Millionen und 816 Millionen Kilometern.

Der Riesenplanet ist auch der Planet mit der kürzesten Tageslänge: Er dreht sich innerhalb von 9 Stunden, 55 Minuten und 29,7 Sekunden einmal um seine Achse. Durch die rasche Rotation ist Jupiter deutlich abgeplattet, denn der Poldurchmesser ist fast 10.000 Kilometer kleiner als der Äquatordurchmesser. Die Rotationsdauer lässt sich an der Wiederkehr charakteristischer Oberflächenformationen ablesen; dabei handelt es sich allerdings um Strukturen in der obersten Wolkenschicht des Planeten, die sich im Laufe der Zeit gegeneinander verschieben können. Zu den auffälligsten Merkmalen gehört der Große Rote Fleck (GRF) bei ca. 20° südlicher iovianischer Breite, ein riesiger Wirbelsturm, der bereits seit rund 300 Jahren beobachtet wird. Hier konnten durch Raumsonden Windgeschwindigkeiten von bis zu 500 Kilometern pro Stunde gemessen werden. Markant sind auch die unterschiedlichen Zonen und Bänder, die sich als helle und dunkle Streifen parallel zum Jupiteräquator beobachten lassen. Nahaufnahmen von Raumsonden haben mittlerweile gezeigt, dass es sich dabei um Hoch- und Tiefdruckgebiete in der Jupiteratmosphäre handelt, die aufgrund der extremen Rotationsgeschwindigkeit und den daraus resultierenden Kräften zu den gesamten Planeten umspannenden Gürteln auseinander gezogen werden. Im Bereich der hellen Zonen steigt wärmeres Gas aus tieferen Atmosphäreschichten auf und kühlt dabei ab, so dass Ammoniak auskondensieren und Wolken bilden kann. Diese strömen dann zu den dunklen Bändern, wo die dichteren Gase wieder nach unten absinken. Damit einher geht ein Temperaturanstieg, der zu Farbreaktionen des ebenfalls vorhandenen Schwefels und kohlenstoffhaltiger Molekülverbindungen führt.

Die geringe mittlere Dichte von Jupiter deutet darauf hin, dass der Planet vorwiegend aus Gas bestehen muss und nur zu einem geringen Teil aus Gestein und Metall – Jupiter gehört zur Gruppe der Gasriesen. Dabei wird das Gas – hauptsächlich Wasserstoff und Helium, die beiden häufigsten Elemente im Kosmos – nach innen immer dichter und „zäher", bis es schließlich in rund 1000 Kilometern Tiefe flüssig wird. Jenseits von etwa 25.000 Kilometern wird ein für uns fremdartiger Zustand erreicht: Dort sind Druck und Temperatur so hoch, dass der Wasserstoff „metallisch" und damit elektrisch leitfähig wird. Strömungen in diesem Bereich sind vermutlich für das starke Magnetfeld des Jupiter verantwortlich. Jenseits einer Tiefe von rund 57.000 Kilometern erwarten die Wissenschaftler schließlich einen zentralen Gesteinskern von knapp 30.000 Kilometern Durchmesser.

Jupiter wird von vier großen Monden und einer Vielzahl kleinerer Brocken umrundet. Die vier „Hauptmonde" Io, Europa, Ganymed und Kallisto wurden bereits 1610 unter anderem von dem italienischen Astronomen Galileo Galilei beobachtet und werden daher Galileische Monde genannt – ihre Durchmesser reichen von 3138 Kilometer (Europa) bis 5262 Kilometer (Ganymed). Seit der Entdeckung von Amalthea durch den Amerikaner Edward Emerson Barnard im Jahre 1892 sind mittlerweile rund drei Dutzend weiterer, kleinerer Brocken in der Umgebung von Jupiter gefunden worden: Im Juli 2002 waren mittlerweile bereits 39 Jupitermonde bekannt.

Die vier großen Jupitermonde präsentierten sich der Raumsonde Galileo als sehr unterschiedliche Welten: Io erwies sich als das vulkanisch aktivste Objekt im Sonnensystem, und bei Europa vermuten die Forscher unter einer nur wenige Kilometer dicken Eisschicht einen Ozean aus flüssigem Wasser (in dem möglicherweise einfachste Lebensformen anzutreffen sind).

Der Riesenplanet Jupiter hat keine feste Oberfläche; wir sehen stattdessen auf die oberen Atmosphärenschichten. Rechts ist der Große Rote Fleck zu erkennen, links der Schatten eines Mondes.

DIE OBJEKTE DES SONNENSYSTEMS

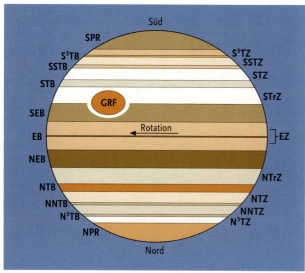

Fotografie und Schemazeichnung von Jupiters Wolkenbändern (Anblick im umkehrenden Fernrohr, Süden ist oben)

Ganymed übertrifft als größter Mond im Sonnensystem sogar noch die Planeten Pluto und Merkur; seine Oberfläche ist von einer dicken Kruste aus Eis und Gestein überzogen, seine Landschaft teils durch Einschlagkrater der unterschiedlichsten Größen, teils durch lange Furchen und Hügelketten geprägt. Kallisto schließlich muss aufgrund seiner geringen mittleren Dichte einen hohen Anteil an Wassereis enthalten: Vermutlich ist die bis zu 300 Kilometer dicke Eiskruste nur wenig mit Gestein durchsetzt; darunter wird ein etwa zehn Kilometer tiefer Ozean aus flüssigem Wasser vermutet, während der Rest wieder eine Mischung aus Eis und Gestein sein muss.

JUPITER BEOBACHTEN

Wegen seiner großen Entfernung von der Sonne sind die Schwankungen des scheinbaren Durchmessers von Jupiter verglichen mit Mars viel geringer: Sie reichen von 30",5 bis 50",1. Aber auch hier gilt: Die besten Beobachtungsmöglichkeiten bestehen während der Oppositionszeit, wenn Jupiter am größten erscheint, die ganze Nacht beobachtbar ist und seine größte Höhe um Mitternacht erreicht. Befindet sich der Planet in südlichen Sternbildern, so steht er in Mitteleuropa nur tief über dem Horizont und die Beobachtungsbedingungen sind schlecht. Eine Oppositionsstellung in den nördlichen Sternbildern Stier oder Zwillinge bietet dagegen optimale Beobachtungsbedingungen.
Auffällig an Jupiter sind seine starke Abplattung und die farbigen Wolkenstreifen auf seiner Oberfläche. Wie bei der Sonne ist hier der Begriff „Oberfläche" eigentlich falsch, denn der Gasplanet besitzt keine. Man erkennt im Teleskop die

Obergrenze seiner völlig mit Wolken durchsetzten Atmosphäre. Die streifige Wolkenstruktur wird durch die schnelle Tagesdrehung des Riesenplaneten verursacht. Bereits nach wenigen Minuten der Beobachtung ist nicht zu übersehen, dass sich die Strukturen ein Stück verschoben haben.

Die Rotation von Jupiter ist differentiell, also am Äquator schneller als an den Polen. Man unterscheidet daher bei der Beobachtung von Einzelheiten in den Wolkenstreifen die Systeme I, II und III, wobei die Wolken des Systems II ca. fünf Minuten langsamer rotieren als die des Systems I. Der Unterschied zwischen den Bereichen II und III beträgt dagegen nur 10 Sekunden. Die Strukturen sind in Momenten mit geringer Luftunruhe als sehr fein wahrzunehmen. Hochwertige Instrumente wie z. B. die extrem farbreinen Apochromaten oder gute Spiegelteleskope in Kombination mit ebenso farbreinen Okularen bieten ein äußerst farbenprächtiges Bild der Wolkenstrukturen, die sich über Stunden und Tage im Detail verändern, auch wenn die große Struktur erhalten bleibt. Es kommt vor, dass ein sonst markantes Wolkenband für einige Wochen oder Monate verschwindet und dann wieder auftaucht. Gut, wenn man solche einmaligen Phänomene im Beobachtungsbuch in Worten beschreibt und in Zeichnungen festhält. Eine Zeichnung zeigt übrigens meist viel feinere Details als ein Foto, da das Auge das Bild in Momenten ruhiger Luft konservieren kann, die Kamera jedoch mehrere

Ein Mond wirft seinen Schatten auf Jupiter.

Sekunden lang belichten muss, was das Bild durch Luftunruhe unschärfer werden lässt.

Von den zahlreichen Monden des Jupiter sind nur die vier hellsten Amateur-Instrumenten zugänglich: Von innen nach außen sind dies Io, Europa, Ganymed und Kallisto, die mit Helligkeiten zwischen 4,^{m}6 und 5,^{m}6 bereits im Fernglas (theoretisch sogar mit bloßem Auge, würde Jupiter sie nicht überstrahlen) sichtbar sind. Die Umlaufzeiten um ihren Mutterplaneten betragen 1,7 bis 16,6 Tage. Schon nach wenigen Minuten kann man bereits Veränderungen in der Anordnung der Monde um das Jupiterscheibchen beobachten.

Da die Achsneigung von Jupiter und den Mondbahnen mit 3° recht gering ist und wir von der Erde aus ziemlich flach in die Bahnebenen der Monde schauen, sind recht häufig die so genannten Jupitermonderscheinungen zu beobachten: Ein Mond zieht vor Jupiter vorbei oder wirft seinen schwarzen Schatten auf die Wolkenoberfläche. Er kann auch hinter Jupiter verschwinden oder in dessen Schatten eintreten. Zuweilen kommt es zu gegenseitigen Bedeckungen oder Verfinsterungen der Monde untereinander, was besonders spannend zu verfolgen ist. Diese Ereignisse sind meist in den einschlägigen Jahrbüchern aufgeführt.

Saturn – der Ringplanet

Saturn ist nach Jupiter der zweitgrößte Planet im Sonnensystem; wie jener besteht er zum größten Teil aus Wasserstoff und Helium (dazu etwas Ammoniak und Methan), gehört also ebenfalls zur Gruppe der Gasriesen. Mit einem Äquatordurchmesser von etwa 120.000 Kilometern ist er zwar nur gut 17 % kleiner als Jupiter, vereint aber dennoch lediglich rund 95 Erdmassen. Dadurch ist die mittlere Dichte von Saturn so gering (kleiner als die von Wasser), dass der Planet auf einem genügend großen Ozean schwimmen könnte. Da sich auch Saturn sehr rasch (innerhalb von 10 Stunden und 40 Minuten) um seine Achse dreht, ist er noch stärker abgeplattet als sein „größerer Bruder" Jupiter: Der Poldurchmesser beträgt lediglich rund 108.700 Kilometer. Für einen Umlauf um die Sonne benötigt Saturn fast 30 Jahre; dabei schwankt die Entfernung zwischen 1,2 Milliarden und 1,67 Milliarden Kilometern oder zwischen 9,0 und 10,1 AE. Lange Zeit hindurch galt Saturn als

der klassische „Ringplanet": Mitte des 17. Jahrhunderts hatte Domenico Cassini, der erste Direktor der Pariser Sternwarte, die wahre Natur jener „Ausbuchtungen" erkannt, die schon ein halbes Jahrhundert zuvor von Galileo Galilei beschrieben worden waren. Cassini fand sogar eine „Lücke" zwischen dem inneren B-Ring und dem äußeren A-Ring; sie wird heute noch Cassini-Teilung genannt. 1785 zeigte der französische Mathematiker Pierre Simon de Laplace, dass diese Saturnringe keine festen Scheiben sein können: Weil die inneren Ringzonen den Planeten nach den Gesetzen der Himmelsmechanik deutlich schneller umrunden müssen als die äußeren, würde eine starre Scheibe solchen Ausmaßes auseinander gerissen – immerhin ist das „klassische" Ringsystem mehr als 46.000 Kilometer breit. Heute wissen wir, dass die überlieferte Aufteilung in A-, B-, und C-Ring (der C-Ring wurde 1848 entdeckt) nur durch die große Entfernung vorgetäuscht wird: In Wirklichkeit gibt es Tausende von Einzelringen, die ihrerseits aber auch wieder nur aus Myriaden kleiner und kleinster Eisbrocken bestehen; Saturn ist gleichsam von einer riesigen Trümmerwolke umgeben. Manches spricht dafür, dass es sich bei diesen Ringen um ein – in astronomischen Zeitmaßstäben – vorübergehendes Phänomen handelt, das durch das Auseinanderbrechen eines oder mehrerer Kometen geschaffen wurde; immerhin befinden sich die Ringe innerhalb der so genannten Roche-Grenze, in einem Bereich

DIE BEOBACHTUNG DER PLANETEN

also, wo die Gezeitenkräfte des Saturn „zerbrechliche" Objekte zerstören können.

Weil Saturn fast doppelt so weit von der Sonne entfernt ist wie Jupiter, wird seine Atmosphäre weniger stark erwärmt. Dadurch kondensieren die Ammoniaktröpfchen in der Saturnatmosphäre schon in größerer Tiefe, und über den Wolken bleibt noch genügend „Platz" für eine die Sicht trübende Dunstschicht. Entsprechend zeigt die Saturnatmosphäre im Bereich des sichtbaren Lichtes nicht so viele Einzelheiten wie die Gashülle des Jupiter. Dagegen förderten Beobachtungen im Infrarotbereich eine ähnliche Bänderstruktur zutage wie beim „großen Bruder".

Der innere Aufbau von Saturn ähnelt in groben Zügen dem von Jupiter. In einer Tiefe von rund 1000 Kilometern geht die Gasatmosphäre in den flüssigen Zustand über. Da Saturn aber über eine kleinere Masse und damit eine geringere Anziehungskraft als Jupiter verfügt, ist die Schicht flüssigen Wasserstoffs um einiges dicker: Erst in einer Tiefe von rund 32.000 Kilometern wird der Übergang zum metallischen Wasserstoff vermutet. Der innere Gesteinskern ist wahrscheinlich kaum größer als die Erde und möglicherweise noch von einer bis zu 12.000 Kilometer dicken Eisschicht umgeben.

Saturn strahlt fast doppelt so viel Energie an den umgebenden Weltraum ab, wie er von der Sonne erhält. Ein Erklärungsversuch basiert auf der Tatsache, dass Wasserstoff und Helium sich – ähnlich wie Wasser und Öl – unter bestimmten Umständen entmischen; dies könnte an der Grenze zum metallischen Wasserstoff der Fall sein. Wenn die dort entstehenden Heliumtröpfchen im Gravitationsfeld zum Kern hinabsinken, wird Gravitationsenergie freigesetzt, die als Wärme an die oberen Schichten weitergegeben und schließlich an

Saturn ist der klassische Ringplanet – unzählige Eis- und Gesteinsbrocken umkreisen den Saturn in einer schmalen Ebene.

den umgebenden Raum abgestrahlt werden kann. Auf Jupiter hat dieser Prozess des „Heliumregens" noch nicht eingesetzt, weil er an der Grenzschicht rund 2000 Grad wärmer ist.

Bevor die ersten Raumsonden den Saturn erreichten, kannte man zehn Saturnmonde; mittlerweile sind bereits 30 (oder auch schon wieder mehr) Trabanten bekannt. Titan, der größte von ihnen (Durchmesser 5150 Kilometer), besitzt sogar eine eigene Atmosphäre, die rund 50 Prozent dichter als die irdische Lufthülle ist. Fünf weitere Monde sind zwischen etwa 1050 und 1530 Kilometer groß, die übrigen haben Durchmesser von ein paar hundert oder gerade einmal einigen Dutzend Kilometern. Auffällig ist der Übergang von kugelförmigen zu unregelmäßig geformten Körpern unterhalb einer Größe von etwa 400 Kilometern: Mimas (Durchmesser 390 Kilometer) ist noch kugelrund, wenngleich von einem mächtigen Krater „deformiert", Hyperion dagegen (der mittlere Durchmesser beträgt etwa 290 Kilometer) präsentiert sich als 410 × 260 × 210 Kilometer großes Ellipsoid. Hier hat die Eigengravitation offenbar nicht mehr für die Kugelgestalt gereicht.

SATURN BEOBACHTEN

Der gelblich leuchtende Ringplanet Saturn erscheint unter einem Durchmesser zwischen 14,9 und 20,8 Bogensekunden. Auch Saturn zeigt im Teleskop Wolkenbänder wie Jupiter. Sie sind jedoch weniger stark ausgeprägt und diffuser. Saturns auffälligstes Merkmal ist natürlich sein Ring, der sich in der Äquatorebene befindet und eigentlich nur hauchdünn ist: Befinden sich der Ring und die Erde in einer Ebene (was während eines Saturn-Umlaufes zweimal vorkommt), so ist er von der Erde aus unsichtbar. Mit Instrumenten ab etwa 10 cm Öffnung und geringer Luftunruhe ist die „Cassini-Teilung" erkennbar, eine dunkle Lücke im Saturnring. Im Gegensatz zu Jupiter besitzt Saturn eine sehr große Achsneigung. Während eines Saturn-Umlaufs um die Sonne kann man im Laufe von knapp 30 Jahren also mal den Südpol und mal den Nordpol beobachten, jeweils zusammen mit einer großen Ringöffnung. Der Meinung vieler Beobachter, Saturn sei das schönste Objekt unseres Sonnensystems, ist man schnell geneigt zuzustimmen.

Der Saturnmond Titan benötigt 15 Tage für einen Umlauf, so dass man seine Bewegung im Teleskop

Bei großer Ringöffnung kann man auch mit Amateurteleskopen bereits grobe Details in den Saturnringen ausmachen; man beachte den Schatten auf dem Ring (links neben der Planetenkugel).

Auch Saturn ist von vielen Monden umgeben, von denen man einige im Teleskop beobachten kann. Der hellste von ihnen ist Titan.

gut verfolgen kann. Bis zu 9 Monde sind unter günstigen Umständen in einem Teleskop mit 20 cm Öffnung erkennbar, die Positionen der helleren sind wiederum in den Jahrbüchern verzeichnet.

Die lichtschwachen Planeten

Uranus

Der Planet Uranus wurde 1781 von dem aus Deutschland stammenden Astronomen Wilhelm Herschel entdeckt. Herschel hielt den Lichtpunkt, der in keiner Sternkarte verzeichnet war, zunächst für einen Kometen, weil die Existenz eines bislang unbekannten Planeten jenseits von Saturn äußerst abwegig erschien. Uranus benötigt etwa 84,7 Jahre für einen Umlauf um die Sonne und bewegt sich dabei in einer mittleren Entfernung von 2,88 Milliarden Kilometern oder 19,3 AE. Mit einem Durchmesser von 51.118 Kilometern ist Uranus etwa viermal so groß wie die Erde.

Ungewöhnlich ist die Achsneigung von 98 Grad: Sie führt dazu, dass die Sonne nicht nur über den Polgebieten zirkumpolar werden kann, sondern auch in mittleren und „subtropischen" Breiten. So dauert eine siderische Rotation zwar nur etwa 17 Stunden und 14 Minuten, doch die Sonne kann – abhängig von der uranografischen Breite – mehr als 42 Jahre ununterbrochen am Himmel stehen; allerdings erscheint sie aus der Sichtweite von Uranus nur noch als etwas verschmierter Lichtpunkt, der aber immer noch wesentlich heller als unser Vollmond leuchtet. Aufnahmen mit dem Hubble-Weltraum-

DIE OBJEKTE DES SONNENSYSTEMS

Uranus zeigt selbst auf diesem Bild der Raumsonde Voyager 2 nur eine strukturlose „Oberfläche".

teleskop im Infrarotbereich zeigen in der Atmosphäre ähnliche Wolkenstreifen, wie sie von Jupiter und Saturn bekannt sind; allerdings wird der Blick durch eine hohe Dunstschicht stark getrübt.
Vor dem Vorbeiflug von Voyager 2 im Januar 1986 kannten die Astronomen fünf Monde und ein System aus neun Uranusringen, die 1977 entdeckt worden waren. Seither sind 13 Monde und 2 Ringe dazugekommen. Anders als bei den Saturnringen scheinen die Teilchen in den Uranusringen allerdings nicht von Eis überkrustet zu sein, denn sie reflektieren das auftreffende Sonnenlicht viel weniger stark und sind entsprechend im sichtbaren Bereich von der Erde aus kaum zu erkennen.
Die mittlere Dichte von Uranus ähnelt der von Jupiter – Uranus muss also einen größeren Anteil an Gestein enthalten als sein großer Bruder. Derzeit geht man von einem etwa 10.000 Kilometer großen Gesteinskern aus, der von einem rund 12.500 Kilometer dicken Mantel aus Methan-, Ammoniak- und Wassereis umgeben wird; die äußeren 7500 Kilometer werden von einer Schicht aus flüssigem Wasserstoff und Helium gebildet, die zur Oberfläche in einer Atmosphäre aus gasförmigem Wasserstoff und Helium übergeht.

Neptun
Anders als Uranus wurde Neptun am Schreibtisch „entdeckt". Er verriet seine Existenz durch ansonsten unerklärbare Störungen auf die Uranusbewegung. Im Sommer 1846 teilte der Franzose Jean Joseph Leverrier die Ergebnisse seiner Berechnungen einigen Kollegen mit, darunter auch den Astronomen der Berliner Sternwarte. Sie fanden tatsächlich unweit der vorausberechneten Stelle einen schwachen Lichtpunkt, der in keiner Sternkarte verzeichnet war und sich von Abend zu Abend weiter bewegte – und hatten Neptun, den achten Planeten gefunden.

Neptun ist der zweite „Blaue Planet" im Sonnensystem; mit Wasser hat die blaue Farbe bei Neptun allerdings nichts zu tun.

Neptun umrundet die Sonne alle 165,5 Jahre in einer mittleren Entfernung von 4,51 Milliarden Kilometern oder 30,1 AE und ist mit einem Durchmesser von 49.424 Kilometern nur unwesentlich kleiner als Uranus. Trotzdem übertrifft er ihn an Masse und muss daher einen noch größeren Anteil an schwereren Elementen besitzen. Über seinen inneren Aufbau können die Forscher nur spekulieren. Manche gehen davon aus, dass er aus einem ziemlich gleichförmigen Gemisch aus gefrorenem Methan, Ammoniak, Wasser und Gestein besteht und von einer vergleichsweise dünnen Atmosphäre aus Wasserstoff und Helium umgeben wird; dabei ist eine geringe Beimengung an Methangas für die wässrigblaue Farbe des Neptun verantwortlich.

Vor dem Vorbeiflug von Voyager 2 im August 1989 waren zwei Neptunmonde sowie einige partielle Ringstrukturen bekannt; heute umfasst die Liste insgesamt acht Monde und fünf Neptunringe.

Pluto

1930 wurden die Grenzen des Sonnensystems noch einmal weiter nach außen verlegt, als der Amerikaner Clyde Tombaugh den Planeten Pluto entdeckte. Er bewegt sich auf einer recht elliptischen Bahn um die Sonne, die ihn zeitweise – zuletzt zwischen 1979 und 1999 – noch innerhalb der Neptunbahn einher ziehen lässt; dafür kann er im sonnenfernen Bereich bis auf fast 50fachen Abstand Sonne-Erde (oder 7,38 Milliarden Kilometer)

Pluto, der entferntste Planet im Sonnensystem, wurde noch von keiner Raumsonde besucht. Entsprechend bescheiden sind die Bilder des kleinen Planeten; diese Aufnahme des Weltraumteleskops Hubble zeigt zumindest grobe Oberflächenmerkmale.

von der Sonne abrücken. Für einen Umlauf braucht Pluto 247,7 Jahre. Pluto ist mit einem Durchmesser von rund 2300 Kilometern der kleinste Planet im Sonnensystem – einige Astronomen würden ihn lieber als bislang größtes bekanntes Mitglied dem so genannten Kuiper-Gürtel (siehe Seite 120) zuordnen. Er enthält vermutlich einen mehr als 1700 Kilometer großen Gesteinskern, der von einem rund 360 Kilometer dicken Eismantel und einer dünnen Methaneiskruste umgeben wird. In Sonnennähe verdampft ein Teil dieser Methaneiskruste zu einer dünnen Atmosphäre, der auch noch Stickstoff beigemischt ist.

1978 wurde ein Plutomond gefunden, der den Planeten in einer Entfernung von knapp 20.000 Kilometern alle 6,4 Tage umrundet. Der Mond Charon ist mit einem Durchmesser von 1100 Kilometern etwa halb so groß wie Pluto – beide zusammen bilden einen „Doppelplaneten". Durch die gegenseitigen

Gezeitenkräfte sind die Rotationen von Pluto und Charon so abgebremst worden, dass beide Körper sich beständig die gleiche Seite zuwenden – ein Zustand, der „doppelt-gebundene Rotation" genannt wird: Charon ist gleichsam ein plutostationärer Satellit.

URANUS, NEPTUN UND PLUTO BEOBACHTEN

Eigentlich ist der Uranus mit einer Helligkeit zwischen 5,6 und 5,9 Größenklassen bereits mit bloßem Auge erkennbar, geht aber unauffällig im Gewimmel schwacher Sterne am Himmel unter. Im Teleskop erscheint der weit entfernte Planet als kleines, strukturloses, grünliches Scheibchen mit einem scheinbaren Durchmesser zwischen 3,3 und 4,1 Bogensekunden. Auch mit größeren Amateur-Instrumenten sind leider keine Wolkenstrukturen zu sehen.

Von den zahlreichen Uranusmonden sind höchstens drei in Teleskopen von 20 cm Öffnung zu sehen. Der hellste Mond Titania ist gerade einmal $13^m\!\!.7$ „hell" und schon eine Herausforderung für geübte Beobachter. Die dunklen Ringe des Uranus sind für den Hobby-Astronomen unbeobachtbar.

Neptun ist (neben der Erde) der zweite blaue Planet im Sonnensystem. Mit ihm haben es die Amateure noch schwerer: Etwas kleiner als Uranus, ist er etwa doppelt so weit entfernt und erscheint im Teleskop gerade einmal 2,2 bis 2,4 Bogensekunden groß. Damit liegt sein Durchmesser an der Auflösungsgrenze für kleine Instrumente bis 6 cm Öffnung. Obwohl er mit 7,8 bis 8,0 Größenklassen scheinbarer Helligkeit hell genug ist, um bereits in einem guten Fernglas beobachtet werden zu können, bietet Neptun nicht viel; außer dem Erfolgserlebnis, ihn einmal aufgespürt zu haben.

Von den Neptunmonden ist nur Triton mit $13^m\!\!.5$ ausreichend hell für Teleskope von 20 cm Öffnung. Er benötigt für einen Umlauf um seinen Mutterplaneten knapp sechs Tage.

Der sonnenfernste Planet Pluto ist so winzig, dass er bei einem Durchmesser von 0,1 Bogensekunden stets nur als sternartiger Punkt erkennbar ist. Seine maximale Helligkeit beträgt $13^m\!\!.5$. Auch ihn sollte jeder Amateur einmal aufgesucht haben – ein Teleskop ab 20 cm Öffnung vorausgesetzt. Eine detaillierte Aufsuchkarte (aus einem astronomischen Jahrbuch) oder ein guter Sternatlas mit einer genauen Ephemeride ist dazu unerlässlich.

Amateuraufnahme von Uranus mit Monden (Ausschnittsvergrößerung rechts unten)

Kleinplaneten

In der zweiten Hälfte des 18. Jahrhunderts begannen die Astronomen sich darüber zu wundern, dass zwischen Mars und Jupiter eine auffällig große Lücke klafft. Der in Wittenberg lehrende Mathematiker Johann Daniel Titius entwickelte sogar eine Reihen-Formel, die die Abstände der einzelnen Planeten zur Sonne recht gut beschreiben konnte und genau diese Lücke als „Fehlstelle" auswies. Nachdem der 1781 entdeckte Uranus recht gut in dieses Schema passte, regten einige Himmelsbeobachter eine gezielte Suche nach dem „fehlenden" Planeten an. Schon bald darauf, am 1. Januar 1801, entdeckte Giuseppe Piazzi einen ersten Lückenfüller, der den Namen Ceres erhielt. Ein Jahr später fand Heinrich Wilhelm Olbers ein zweites Objekt (Pallas), und 1807 waren mit Juno und Vesta noch zwei weitere dazu gekommen; sie alle umrunden die Sonne zwischen Mars und Jupiter. Ihre geringe Helligkeit – allenfalls Vesta überschreitet gelegentlich die Schwelle für das bloße Auge – machte allerdings deutlich, dass es sich nicht um Planeten im bisherigen Sinne handeln konnte. Selbst das größte Objekt, Ceres, bringt es lediglich auf einen Durchmesser von etwa 930 Kilometern. So spricht man zwischen Mars und Jupiter von den Kleinplaneten, auch Planetoiden oder – international üblich – Asteroiden genannt.

Mehr als 20.000 solcher Gesteinsbrocken sind mittlerweile bekannt, von denen die überwiegende Mehrzahl den Hauptgürtel zwischen Mars- und Jupiterbahn bevölkert. Doch es gibt auch Ausreißer, die weit ins innere Sonnensystem vordringen können und dabei auch die Erdbahn kreuzen. In der Vergangenheit ist es immer wieder zu Zusammenstößen derartiger „Erdbahnkreuzer" oder NEOs (für Near Earth Objects, erdnahe Objekte) gekommen, zum Teil mit dramatischen Folgen. So geht man inzwischen davon aus, dass das Massensterben am Ende der Kreidezeit, dem unter anderem die Dinosaurier zum Opfer gefallen sind, durch den Aufprall eines mehr als 10 Kilometer großen kosmischen Brockens und dessen Folgen ausgelöst wurde. Entsprechend dringend ist die Notwendigkeit, potenzielle Kamikazeflieger unter den erdnahen Asteroiden sorgfältig zu beobachten, um eventuell drohende Gefahren möglichst frühzeitig erkennen und gegebenenfalls abwehren zu können.

Am Kleinplaneten Gaspra flog 1991 die Raumsonde Galileo vorbei, wobei die erste Nahaufnahme eines Planetoiden entstand.

DIE OBJEKTE DES SONNENSYSTEMS

Aber auch jenseits der Jupiterbahn wurden inzwischen kleinere Mitglieder der Planetenfamilie entdeckt. Manche von ihnen, in der Gruppe der Zentauren zusammengefasst, pendeln zwischen Jupiter- oder Saturnbahn und dem äußeren Sonnensystem hin und her, andere – jenseits der Neptunbahn – werden als Mitglieder des so genannten Kuiper-Gürtels angesehen, der sich weit über die Plutobahn hinaus erstreckt. Diese TNOs (für Trans Neptunian Objects – Objekte jenseits der Neptunbahn) gelten als Nachschubreservoir für kurzperiodische Kometen; möglicherweise stellen die Zentauren dann das entsprechende Übergangsstadium dar.

Kleinplaneten beobachten

Zur Beobachtung eines Kleinplaneten gehört natürlich zunächst, ihn im Sterngewimmel aufzufinden. Genau bekannte Kleinplaneten tragen eine Nummer (im Jahr 2000 wurde die Nummer 10.000 vergeben) und einen Namen, den der Entdecker vorschlagen darf (allerdings nicht seinen eigenen). Als „entdeckt" gilt ein Kleinplanet, wenn er mindestens zweimal beobachtet worden ist. Diese beiden Beobachtungen genügen jedoch noch nicht, um seine Bahn um die Sonne bestimmen zu können. Es gibt Amateur-Astronomen, die es sich zur Aufgabe gemacht haben, möglichst viele Kleinplaneten zu beobachten und zur genauen Bahnbestimmung beizutragen. Ganz nebenbei werden so jedes Jahr zahlreiche neue Kleinplaneten von Amateuren entdeckt!

Sind die Bahndaten einmal bekannt, können sie auch in die Datenlisten der Computerprogramme übernommen werden (z. B. „The Sky", „Guide" oder „EasySky"). Für die helleren und seit langem bekannten Kleinplaneten sind Koordinaten und Aufsuchkarten in den Jahrbüchern verzeichnet. Damit

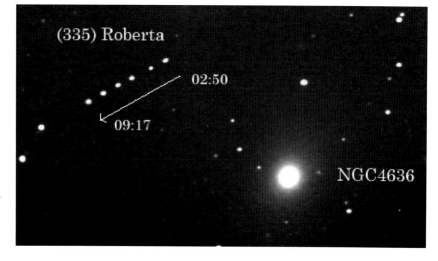

Auf Himmelsaufnahmen verraten sich die Kleinplaneten durch ihre Bewegung. Hier wurden sechs Einzelaufnahmen kombiniert, so dass der Kleinplanet (335) Roberta nicht zu einem Strich auseinandergezogen wird.

wird es jedem Beobachter ermöglicht, einen Kleinplaneten zu jedem beliebigen Zeitpunkt über seine Koordinaten und seine Position relativ zu den Hintergrundsternen am Himmel zu finden. Das Objekt wird dann entweder über die Teilkreise der parallaktischen Montierung, durch eine rechnergesteuerte Montierung oder durch „Starhopping" (siehe Seite 82) eingestellt. Die Asteroiden sind von winzigen Ausmaßen und so weit entfernt, dass keinerlei Einzelheiten erkennbar sind – sie erscheinen dem Beobachter sternförmig. Auffällig ist jedoch ihre relativ schnelle Bewegung im Vergleich zu den Hintergrundsternen. Besonders interessant sind enge Vorübergänge an recht hellen Sternen, da diese als Aufsuchhilfe dienen, und weil man die Bewegung des Kleinplaneten im Laufe einer Nacht dann unmittelbar mit dem Auge am Okular verfolgen kann. Zuweilen bedeckt ein Kleinplanet sogar einen Stern, der dann für Sekunden oder Minuten „verschwindet". Weil Kleinplaneten maximal einige hundert Kilometer groß sind, ist eine solche Sternbedeckung, ähnlich wie bei einer Sonnenfinsternis, nur entlang eines bestimmten Pfades auf der Erde zu beobachten.

Die hellsten Kleinplaneten (vor allem Vesta und Ceres) können bereits mit einem Fernglas aufgefunden werden. Für viele andere genügt schon ein kleines Teleskop. Auf vielen fotografischen Himmelsaufnahmen schmuggeln sich unbeabsichtigt Kleinplaneten mit ins Bild und hinterlassen dort eine kurze Strichspur. Hat der Asteroid eine unregelmäßige Form, so ist manchmal ein schwacher periodischer Lichtwechsel zu beobachten, der bei genauerer Untersuchung die Rotationsdauer des Kleinplaneten verrät.

Sternschnuppen

Die Natur der Sternschnuppen
Als kurze Leuchtspur huschen die Sternschnuppen über den Himmel, besonders der August gilt als „der" Sternschnuppenmonat schlechthin. Dass es sich dabei nicht, wie man früher dachte, um vom Himmel fallende Sterne handelt, ist offensichtlich. Es handelt sich bei einer Sternschnuppe vielmehr um ein kosmisches Staubkorn, das sei-

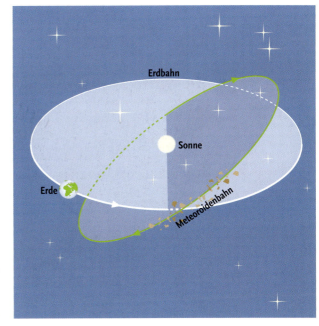

Auch Meteoroide umkreisen die Sonne auf festen Bahnen. Kreuzt sich diese Bahn mit der Erdbahn, so können wir einen Sterschnuppenschauer erleben.

DIE OBJEKTE DES SONNENSYSTEMS

Ein helles Exemplar der im Jahre 2001 besonders eindrucksvollen Leoniden im Gebiet des Sternbildes Stier

ne Reise durch den Weltraum in der Erdatmosphäre beendet. Man bezeichnet diese kosmischen Kleinkörper als Meteoroiden; sie besitzen Durchmesser von der Größe eines Staubkorns bis hin zu mittleren Felsbrocken.
Mit einer Geschwindigkeit von 10 bis 70 Kilometern pro Sekunde bewegen sie sich durch das Sonnensystem und stoßen irgendwann zufällig mit der Erde zusammen. Von diesen Brocken gibt es eine große Zahl, die Grenze zu den Kleinplaneten ist fließend. Man schätzt, dass so jeden Tag mehr als 10.000 Tonnen extraterrestrisches Material auf die Erde fallen.
Die eigentliche Leuchterscheinung, die Sternschnuppe also, wird als Meteor bezeichnet. Besonders helle Meteore nennt man auch „Feuerkugeln" oder „Boliden". Sie können die Helligkeit des Vollmondes übertreffen und in Ausnahmefällen selbst am Taghimmel sichtbar werden. Bevor der Meteoroid vollständig verdampfen kann, taucht er tiefer in die Erdatmosphäre ein und kann dann in Höhen zwischen 10 und 50 Kilometern sogar explodieren. Manchmal bleibt eine lange Rauchspur in der Hochatmosphäre zurück, die im Laufe von Minuten von Höhenwinden zerweht wird.
Die allermeisten Meteoroide sind glücklicherweise so klein, dass sie beim Eintritt in die Erdatmosphäre zwischen 80 und 120 Kilometern Höhe vollständig verglühen. Je größer ein Meteoroid, um so heller wird seine Leuchterscheinung sein. Und um so wahrscheinlicher ist es, dass ein kleiner Teil des ursprünglichen Körpers den Verdampfungsvorgang überlebt und als „Meteorit" auf den Boden fällt. Große Meteorite schlagen sogar Krater in die Erdoberfläche, wie es in ferner Vergangenheit geschehen ist.

Ein Meteorkrater im Gebiet des Henbury-Kraterfeldes in Australien

In einer gewöhnlichen Nacht kann man im Laufe einer Stunde etwa ein halbes Dutzend Meteore beobachten, die auf zum Teil sehr unterschiedlichen Bahnen über den Himmel huschen. Sie werden als sporadische Meteore bezeichnet. Oftmals treten Meteore nicht einzeln auf, sondern häufen sich in Schauern. Dies passiert, wenn die Erde auf ihrer Bahn die Bahn eines „Meteorstromes" kreuzt. Meteoroide, die nebeneinander auf parallelen Bahnen im Verband durchs Sonnensystem ziehen, treffen dann innerhalb weniger Stunden und in großer Zahl auf die Erdatmosphäre und erzeugen einen Meteorschauer. Die Meteore eines Meteorschauers scheinen für einen Beobachter auf der Erde alle von einem Punkt am Himmel auszugehen, dem „Radianten". Die bekannten Meteorschauer werden nach dem Sternbild benannt, in dem ihr Radiant liegt. So kommen die Perseiden aus dem Sternbild Perseus und die Leoniden aus dem Löwen. Die Aktivität der einzelnen Schauer ist auf einige Stunden oder Tage begrenzt, je nachdem, wie lange die Erde braucht, um den Meteorstrom zu durchqueren. Die wichtigsten Meteorströme sind in der Tabelle auf Seite 124 aufgeführt.

Die unterschiedlichen Geschwindigkeiten der Meteore in den einzelnen Meteorschauern hängen auch davon ab, unter welchem Winkel sich Erde und Meteorstrom im Weltraum begegnen. Meteorströme stammen meist von Kometen ab, die ihre Trümmer entlang ihrer Bahn verstreuen. So stammen zum Beispiel die Eta-Aquariden (Radiant im Sternbild Wassermann) und die Orioniden vom Kometen Halley, die Perseiden von Swift-Tuttle und die Leoniden vom Kometen Tempel-Tuttle ab.

Die Beobachtung von Meteoren

Am besten sind Sternschnuppen ganz ohne optische Hilfsmittel zu beobachten. Mit Fernglas und Teleskop bringt die visuelle Meteorbeobachtung nicht viel, da das Gesichtsfeld der Instrumente zu klein ist. Die Wahrscheinlichkeit, dass zufällig eine helle Sternschnuppe durch das Gesichtsfeld selbst eines Weitwinkelokulars rauscht, ist äußerst gering. Was benötigt man aber nun für erfolgreiche Meteorbeobachtungen? In erster Linie natürlich einen klaren und dunklen Nachthimmel, möglichst weit weg von störenden Lichtquellen, die den Himmel aufhellen. Dann sind selbst schwache Meteore bis zur fünften oder sechsten Größenklasse zu sehen. Weiterhin ist Zeit und viel Geduld gefragt. Wenn im Jahrbuch für eine bestimmte Uhrzeit das Häufigkeitsmaximum vorhergesagt wird, dann kann das tatsächliche Aktivitätsmaximum mehrere Stunden davon abweichen. Es ist also ratsam, den Beginn der Beobachtung auf einen frühen Zeitpunkt zu legen und auch nach dem theoretischen Maximum noch weiter zu beobachten.

Bei der Beobachtung eines Meteorschauers sind zwei Aspekte zu berücksichtigen: der Erlebniswert und der wissenschaftliche Wert. Reden wir hier vom Erlebniswert. Der ist um so höher, je mehr Meteore zu beobachten sind und je heller diese sind. Jeder kann dies in einer klaren Augustnacht nachvollziehen, wenn die Perseiden auftreten. Alle 30 bis 35 Jahre sorgen die Leoniden für ein beeindruckendes Schauspiel. In den Jahren 1998 bis 2002 waren nicht nur die mageren 15 Meteore pro Stunde beobachtbar, die in jedem Jahr auftreten. Bis zu 8000 Meteore sausten den Beobachtern in einer Stunde „um die Ohren". 1966 gab es sogar einen richtigen „Meteorsturm" mit bis zu 240.000 (!) Meteoren pro Stunde. Dies sind natürlich seltene Ereignisse, seltener noch als totale Sonnenfinsternisse, die in ähnlicher Weise das Gemüt der Beobachter ansprechen. Für die Vorbereitung solcher Erlebnisse muss man sich den richtigen Standort mit dunklem Himmel und einer hohen Schönwetter-Wahrscheinlichkeit aussuchen. Der Beobachtungsplatz kann sich durchaus auf der anderen Seite der Erdkugel befinden, wenn das Ereignis bei uns etwa hinter dem Horizont stattfindet, also nicht beobachtbar ist.

Die wichtigsten Sternschnuppenströme

Name	Sternbild	Maximum am	Häufigkeit/Std.	Geschwindigkeit
Quadrantiden	Bärenhüter	3. Januar	100 ... 200	40 km/s
Lyriden	Leier	22. April	10 ... 20	48 km/s
Eta-Aquariden	Wassermann	4. Mai	35 ... 60	65 km/s
Delta-Aquariden	Wassermann	29. Juli	30	41 km/s
Perseiden	Perseus	12. August	70	65 km/s
Orioniden	Orion	21. Oktober	30 ... 40	60 km/s
Leoniden	Löwe	17. November	15 ... 10.000	70 km/s
Geminiden	Zwillinge	13. Dezember	60	40 km/s

Auf dieser langbelichteten Aufnahme haben sich gleich mehrere Leoniden-Sternschnuppen verewigt und deuten klar auf den Radiant im Sternbild Löwe hin.

SYSTEMATISCHE METEORBEOBACHTUNG

Auch systematisches Beobachten kann viel Spaß bereiten. Vor allem bei Meteorbeobachtungen bietet sich das Zusammenarbeiten in einer Gruppe von Beobachtern geradezu an. Ein Liegestuhl ermöglicht das ermüdungsfreie Beobachten in Zenitnähe. Ein Himmelsatlas oder eine Kopie der Seiten, die den aktuellen Sternhimmel abdecken, ist zum Einzeichnen der Bahnen heller Meteore notwendig. Jeder Beobachter der Gruppe nimmt sich ein bestimmtes Himmelsgebiet vor, zählt und notiert die Anzahl der darin von ihm wahrgenommenen Meteore, und zwar innerhalb eines zuvor festgelegten Zeitintervalles, z. B. fünf Minuten. Ist die Aktivität nicht zu hoch, dann bleibt auch Zeit, die Meteorbahnen in die Himmelskarte einzuzeichnen. Später werden die Beobachtungen ausgewertet. Die Gesamtzahl aller im Zeitintervall beobachteten Meteore wird addiert und man kann eine Aktivitätskurve ermitteln, in der der zeitliche Anstieg und der Rückgang der Aktivität darstellt wird. Verlängert man die in der Sternkarte eingezeichneten Meteorbahnen nach hinten zurück, dann treffen sich die Meteore des Schauers alle ungefähr in einem Punkt, dem Radiant.

Der Leoniden-Meteorschauer war 2001 besonders gut von Australien aus zu beobachten; auf diesem Bild erkennt man oben das Kreuz des Südens.

Kometen – Wanderer im All

Die Natur der Kometen

Kometen sind faszinierende Himmelsobjekte, die im Altertum als Unheil bringende Schweifsterne bezeichnet wurden. Sie zählen zu den kleinen Körpern im Sonnensystem und sind im Allgemeinen nur recht kurzfristig vorhersehbare Himmelserscheinungen. Viele Kometen sind äußerst lichtschwach, und der Beobachter freut sich, wenn ein Komet schon im Fernglas erkennbar wird. Taucht aber ein sehr heller Komet auf, dann liefert er eine äußerst spektakuläre Show am Himmel ab. Dies waren besonders die Kometen West im Jahre 1976, Halley 1986, Hyakutake 1996 und Hale-Bopp 1997. Seitdem sind auch viele „mittelhelle" Kometen aufgetaucht, die den meisten Augen aber verborgen blieben. Leider wissen selbst die Fachastronomen nie ganz genau, wie hell ein Komet nach seiner Entdeckung werden wird. Enttäuschungen nach hohen Erwartungen sind dann vorprogrammiert und treten auch regelmäßig ein.

Die charakteristischen Merkmale eines Kometen sind die Koma und seine beiden Schweife. Der Kometenkern ist ein kleiner, nur wenige Kilometer messender Körper, der im Teleskop nicht sichtbar ist. Es handelt sich dabei um ein Konglomerat aus gefrorenen Gasen, Wasser und Staub – die Bezeichnung „schmutziger Schneeball" ist Usus und trifft die Realität ziemlich gut. Dieser unregelmäßig geformte Körper befindet sich im Zentrum der diffusen, grünlich leuchtenden Kometenkoma.

Kometen bewegen sich wie die Planeten um die Sonne, meist aber auf einer Bahn von extrem elliptischer Form. Diese führt den Kometen normalerweise weit von der Sonne weg und nur für kurze Zeit – Wochen oder Monate – nahe an die Sonne heran. Man unterscheidet langperiodische Bahnen mit Umlaufzeiten von über 200 Jahren und kurzperiodische Bahnen mit Umlaufzeiten von wenigen Jahren. Neben den periodischen Kometen werden auch regelmäßig bisher unbekannte Kometen entdeckt. Sie

Komet Hale-Bopp mit bezeichneten Komponenten

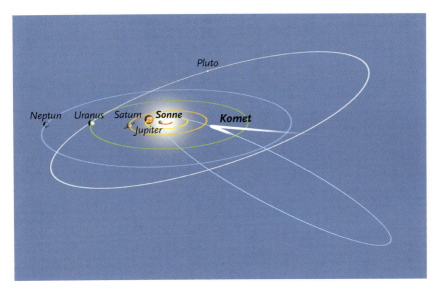

Eine typische Kometenbahn. Sie führt den „gefrorenen Schneeball" aus den Tiefen des Weltraums hin zur Sonne, wo sich seine Gase erwärmen und so der bekannte Kometenschweif entsteht.

stammen aus Bereichen weit jenseits der Plutobahn, und ihre Bahn kann von den großen Gasplaneten so verändert werden, dass sie in den inneren Bereich des Sonnensystems vordringen.
Irgendwann wird der Kometenkern auf seiner Bahn in die Nähe der Sonne gelangen. Dabei wird der Kometenkörper aufgeheizt und die gefrorenen Gase verdampfen; die typische Kometenkoma und später auch der Kometenschweif entsteht. Die Gase treten etwa mit einer Geschwindigkeit von einem Kilometer pro Sekunde (3600 km/h) aus der Oberfläche des Kerns aus und reißen dabei Staubteilchen mit sich. Gasmoleküle und Staub bilden zunächst eine Gashülle um den Kometenkern, die Koma.
Die Kometenkoma ist nun verschiedenen Einflüssen ausgesetzt: einmal dem stetig von der Sonne wegströmenden Sonnenwind, einem ca. 400 km/s schnellen Strom aus elektrisch geladenen Molekülen und Elementarteilchen, die dem interplanetaren Magnetfeld folgen. Die Kometenkoma trifft auf diese Teilchen und das Magnetfeld. Als Folge dessen werden die ebenfalls elektrisch geladenen Gasmoleküle der Kometenkoma von den Sonnenwind-Teilchen mitgerissen und

Der Kern des Kometen Halley, aufgenommen von der Raumsonde Giotto

DIE OBJEKTE DES SONNENSYSTEMS

Helle Kometen sind leider in seltenes Schauspiel. Eine besonders schöne Vorstellung gab im Frühjahr 1997 der Komet Hale-Bopp.

bilden so den bläulich leuchtenden Gasschweif des Kometen.
Der andere wichtige Einfluss auf die Koma wird vom Sonnenlicht selbst ausgeübt, in diesem Fall auf die Staubteilchen in der Koma. Diese haben eine so geringe Masse, dass sie vom Lichtdruck des Sonnenlichtes aus der Koma gestoßen werden und so ihre eigene Bahn einschlagen, ständig angetrieben vom Sonnenlicht. Dadurch entsteht der gelblich leuchtende Staubschweif des Kometen. Während der Gasschweif fast genau von der Sonne wegzeigt und selbst leuchtet, ist der Staubschweif mitunter stark gekrümmt und reflektiert lediglich das Sonnenlicht.
Kleine, lichtschwache Kometen zeigen nur ihre Koma, die mal ein sehr diffuses, mal auch ein zentral konzentriertes Aussehen haben kann. Selbst mittelhelle Kometen besitzen nicht immer zwei stark ausgeprägte Schweife, wie es etwa der Komet Hale-Bopp tat. Komet West zum Beispiel besaß einen ca. 28° langen, sehr hellen Staubschweif aber nur einen relativ schwachen Gasschweif. Komet Hyakutake wiederum präsentierte uns einen ca. 60° langen Gasschweif mit einem recht kurzen Staubschweif. Offensichtlich hat jeder Komet seine eigenen Produktionsraten von Gasen und Staub – ein Grund, weswegen sich das Erscheinungsbild der Kometen so schlecht vorhersagen lässt.
Je nach Aktivität und Entfernung des Kometen von Erde und Sonne kann die 500.000 bis 2.500.000 Kilometer große Kometenkoma am Himmel bis zu mehreren Grad umfassen. Die Schweife können sogar

mehrere hundert Millionen Kilometer lang werden.

Kometen, die auf sehr langperiodischen Bahnen um die Sonne laufen oder von außen ins innere Sonnensystem katapultiert werden, sind meist noch frisch und unverbraucht. Sie können dann sehr hell werden. Am schönsten erscheint ein Komet dann, wenn er gleichzeitig der Sonne und der Erde nahe kommt. „Alte" Kometen auf kurzperiodischen Bahnen sind bereits einige Tausend oder Millionen Mal in Sonnennähe gelangt und haben ihr leicht verdampfendes Material längst verbraucht – sie werden selten hell. In jedem Jahr werden Dutzende neuer Kometen entdeckt; oft von automatisierten Suchteleskopen, aber auch von engagierten Amateur-Astronomen. Die meisten Kometen werden allerdings nicht heller als 10^m und zählen damit zu den lichtschwachen Objekten.

Kometen beobachten

In Fachzeitschriften und im Internet werden Bahnelemente und Ephemeriden von Kometen bekannt gegeben, sobald ihre Bahn berechnet worden ist. Neben den wichtigen Positionsangaben enthalten die Ephemeriden auch den Wert der voraussichtlichen Helligkeit (der immer mit einem Unsicherheitsfaktor behaftet ist) und machen Angaben zur Entfernung von Sonne und Erde. Für das erfolgreiche Auffinden eines Kometen gilt das Gleiche wie für Kleinplaneten – man benötigt einen Sternatlas, der eine eindeutige Identifikation des „Fremdkörpers" ermöglicht.

SYSTEMATISCHE KOMETENBEOBACHTUNG
Nach der Entdeckung eines Kometen vergehen meist Wochen oder Monate, in denen er Sonne und Erde näher kommt und dann wieder im Weltraum verschwindet. Man kann also über einen längeren Zeitraum die Entwicklung des Kometen verfolgen, seine Helligkeit und sein Erscheinungsbild protokollieren und diese Beobachtungen auch auswerten. Die etwas lästige Prozedur des Aufsuchens spielt nach einigen Beobachtungen keine Rolle mehr, da sich der Komet meist nur langsam vor den Sternen bewegt und man sich die Umgebungssterne schnell einprägt.
Ist der Komet einmal identifiziert, kann die genaue Beobachtung beginnen. Drei Aspekte sind von Interesse: Helligkeit, Erscheinung der Koma und Länge des Schweifs. Die

Kometen bewegen sich relativ schnell gegenüber den Sternen, was auf dieser Aufnahme eines lichtschwachen Kometen sehr gut deutlich wird.

DIE OBJEKTE DES SONNENSYSTEMS

Komet C/2002 C1 (Ikeya-Zhang)
Helligkeit (+) und Komadurchmesser (◇)

Die VdS-Fachgruppe Kometen sammelt alle Beobachtungen, woraus beeindruckende Diagramme der Helligkeitsentwicklung (oben) und des Komadurchmessers (unten) entstehen.

(sternförmiges Zentrum) vergeben. Den Durchmesser der Koma erhält man durch Vergleiche mit Umgebungssternen, deren Abstand im Sternatlas abgemessen werden kann. Hier empfiehlt sich eine kleine Skizze, wie Sterne und Koma im Gesichtsfeld angeordnet sind. Wie bei allen Beobachtungen ist es auch hier wichtig zu notieren, wie hell der schwächste am Himmel sichtbare Stern ist (der so genannte „faintest star"), da die Himmelshelligkeit die Schätzung stark beeinflussen kann.

Manchmal erkennt man auf den ersten Blick, dass sich von einem Tag zum nächsten etwas verändert hat: Der DC-Wert der Koma oder die Helligkeit haben sich drastisch gewandelt. So steigerte der Komet Hyakutake einmal binnen 24 Stunden seine Helligkeit um eine ganze Größenklasse.

Auch schwache Kometen zeigen bisweilen zumindest einen kurzen Schweifansatz. Anhand der Umgebungssterne kann man die sichtbare Schweiflänge ermitteln. Richtig Spaß macht diese Beobachtung natürlich bei hellen Kometen, die man mit dem bloßen Auge „vermessen" kann. Gerade hellere Kometen zeigen im Zentrum ihrer Koma Strukturen, die fächerförmig, ringförmig, strahlenförmig oder bogenförmig erscheinen. Diese Strukturen sind kurzlebiger Natur, sie lassen die Dynamik in der Kometenkoma deutlich werden.

Helligkeit des Kometen wird geschätzt, indem man Vergleichssterne bekannter Helligkeit so unscharf einstellt, dass sie genauso groß wie die Koma des Kometen erscheinen. Man notiert, dass der Stern x etwas heller und der Stern y etwas schwächer als die Koma erscheint. Später schlägt man nach, wie hell die beiden Sterne tatsächlich sind, und erhält so einen guten Schätzwert für die Kometenhelligkeit. Beobachtet man den Kometen an möglichst vielen Tagen, so kann man eine eigene Lichtkurve erstellen.

Das Erscheinungsbild der Koma reicht von „fast sternförmig" bis „sehr diffus". Der zugehörige Wert wird Kondensationsgrad (DC) genannt und wird zwischen 0 (keine Verdichtung, völlig diffus) und 9

Die Bewegung von Kometen
Lichtschwache, nur im Feldstecher oder Teleskop erkennbare Kometen

DIE BEOBACHTUNG DER PLANETEN

Aktive Kometen weisen Änderungen in der Schweifstruktur binnen Stunden auf, wie hier auf den Bildern des Kometen Hyakutake im Abstand von einem Tag gut zu sehen ist.

sind meist so weit von der Erde entfernt, dass sie sich recht langsam vor dem Hintergrund der Sterne bewegen. Es kommt jedoch vor, dass Kometen in nur wenigen Millionen Kilometern Entfernung an der Erde vorüberziehen. Im Jahr 1983 war es der Komet IRAS-Araki-Alcock, der in nur drei Tagen über den Himmel flitzte. Auch Hyakutake war 1996 schnell, der geringste Abstand von der Erde betrug nur knapp 15 Millionen Kilometer. Im Vergleich dazu war der noch hellere Hale-Bopp (1997) mit nahezu 200 Millionen Kilometern minimaler Erddistanz weit entfernt.

Für die visuelle Beobachtung spielt die Bewegung eines Kometen vor dem Sternhimmelhintergrund fast keine Rolle. Im Gegenteil: Es ist interessant zuzuschauen, wie die Koma vor den Sternen im Gesichtsfeld des Teleskops wandert. Für die Fotografie kann die Kometenbewegung allerdings problematisch werden. Für punktförmige Sternaufnahmen muss die Kamera dem Sternhimmel sehr genau nachge-

führt werden. Bewegt sich der Komet jedoch im Belichtungszeitraum merklich, so wird er verzogen und unscharf abgebildet. Die Kamera muss in diesem Fall also genau dem Kometen nachgeführt werden, so dass die Sterne nun zu kleinen Strichen verzogen werden.

Ein scharfer Komet (hier: Ikeya-Zhang) oder punktförmige Sterne – beides ist bei Kometenaufnahmen wegen der raschen Kometenbewegung meist nicht zu erreichen.

Sterne, Nebel und Galaxien

STERNE, NEBEL UND GALAXIEN

Sterne – die Leuchtfeuer im All

- Sterne – nicht
  „zum Greifen nah" 134
- Absolute Helligkeiten 137
- Farbige Sterne 138
- Verräterische Linien 140

- Das Hertzsprung-Russell-
  Diagramm 140
- Das Leben der Sterne 142
- Doppelsterne 144
- Veränderliche Sterne 146

Lange Zeit hindurch hielt man die Fixsterne für „Löcher" in einer Kristallsphäre, durch die man nach „draußen" auf das alles umgebende kosmische Feuer blicken konnte. Erst der modernen Astrophysik verdanken wir die Erkenntnis, dass die Fixsterne in Wirklichkeit ferne Sonnen sind, die ihre Energie aus der Umwandlung von Wasserstoff in Helium beziehen. Während die Menschen früher glaubten, die Sterne würden ihr Schicksal bestimmen, können die Astronomen heute das Schicksal der Sterne berechnen.

Es hat lange gedauert, bis genügend Beweise dafür zusammengetragen waren, dass unsere Sonne ein Stern ist – oder alle Sterne Sonnen sind. Immerhin scheinen „Welten" zwischen beiden zu liegen: Während wir die Sonne als Scheibe erkennen und von ihrem Licht geblendet werden, erscheinen die Sterne selbst im größten Fernrohr punktförmig, und ihr Licht reicht nicht aus, die dunkle Nacht zu erhellen. Dass uns, wenn schon nicht Welten, so doch Lichtjahre von den Sternen trennen, haben die Astronomen erst in der Mitte des 19. Jahrhunderts gelernt. Vorher war man mehr oder minder stillschweigend davon ausgegan-

gen, das Sonnensystem – und damit „die Welt" – ende gleich hinter dem Saturn, dem sonnenfernsten der damals bekannten Planeten, und werde dort von der Fixsternsphäre eingehüllt.

Einen ersten Stoß bekam diese naive Vorstellung, als der englische Astronom Edmond Halley Ende des 17. Jahrhunderts die Vermutung äußerte, ein – inzwischen nach ihm benannter – Komet würde die Sonne alle 76 Jahre auf einer elliptischen Bahn umrunden. Dies nämlich bedeutete, dass der Komet im sonnenfernen Bahnteil dreieinhalb mal weiter von der Sonne abrückte als der Ringplanet Saturn, die vermeintliche Grenze des Sonnensystems.

Sterne – nicht „zum Greifen nah"

Dem Königsberger Astronomen Friedrich Wilhelm Bessel gelang 1838 die erste Bestimmung der Entfernung eines Fixsternes. Nach der Methode der Landvermesser peilte er einen Stern im Sternbild Schwan von zwei weit voneinander entfernten Punkten an und fand eine winzige „parallaktische" Verschiebung. Das Prinzip seiner Messung lässt sich mit dem bekannten

STERNE – DIE LEUCHTFEUER IM ALL

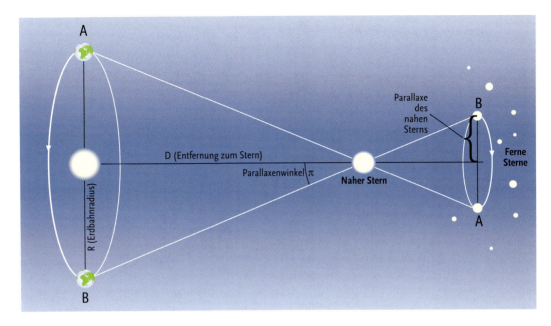

Daumensprung verdeutlichen: Betrachtet man seinen Daumen bei gestrecktem Arm abwechselnd mal mit dem rechten Auge und dann mit dem linken, so scheint der Daumen vor dem Hintergrund hin und her zu springen, und das um so stärker, je näher der Daumen den Augen steht. Für die räumliche Einordnung unserer unmittelbaren Umgebung reicht der Augenabstand, für eine Entfernungsmessung über mehrere Kilometer ist eine Basislänge von einigen Dutzend Metern erforderlich, die Entfernung des Mondes lässt sich auf diese Weise bei einer Basislänge von einigen hundert Kilometern ermitteln. Zur Messung der Sternparallaxe reichte allerdings nicht einmal der Durchmesser der Erde als Basislänge. Bessel vermaß die Position des Sterns 61 im Sternbild Schwan im Abstand mehrerer Monate und nutzte dabei die Bewegung der Erde um die Sonne, um eine möglichst große Basislänge zu erreichen. Trotzdem blieb der

Die Parallaxe ist ein interstellarer Daumensprung, mit dem die Entfernung eines Sterns gemessen werden kann.

Der Parallaxenwinkel

Als Parallaxenwinkel eines Sterns bezeichnet man den Winkel, unter dem der Radius der Erdbahn (1 AE) aus der Entfernung des Sterns erscheinen würde. Die im Laufe eines Jahres gemessene Verschiebung des Sterns vor dem Hintergrund weit entfernter Sterne kann im günstigsten Fall den doppelten Wert des Parallaxenwinkels erreichen. Der Kehrwert des Parallaxenwinkels gibt die Entfernung des Sterns in der Einheit „Parsec" an – ein Parsec entspricht also der Entfernung, aus der der Radius der Erdbahn unter einem Parallaxenwinkel von einer Bogensekunde erscheint; dabei ist Parsec als Abkürzung von Parallaxensekunde zu verstehen, ein Parsec entspricht 3,26 Lichtjahren.

gemessene Winkel deutlich kleiner als eine Bogensekunde! Aus dem aus seinen Messungen abgeleiteten Wert von 0,31 Bogensekunden konnte er die Entfernung zum Stern 61 Cygni zu 3,2 Parsec bestimmen. Will man die Entfernung der Sterne in einer alltäglichen Entfernungseinheit bestimmen, braucht man nur die Strecke Sonne-Erde in Kilometern zu kennen. Diese als astronomische Einheit (AE) bezeichnete Normentfernung beträgt etwa 150 Millionen Kilometer. Ein Parsec entspricht dann dem 206.265fachen dieser Entfernung oder rund 31 Billionen Kilometer, denn zur Umrechnung muss man die Strecke von 1 AE durch den Tangens von 1 Bogensekunde dividieren. Heraus kommt nicht gerade eine handliche Zahl! In der Astronomie wird daher häufig auch die Entfernungseinheit „Lichtjahr" benutzt: Sie entspricht der Strecke, die das Licht bei einer Geschwindigkeit von rund 300.000 Kilometern pro Sekunde innerhalb eines Jahres zurücklegt. Da ein Jahr etwa 31,56 Millionen Sekunden umfasst, schafft das Licht innerhalb eines Jahres knapp 9,47 Billionen Kilometer. Ein Parsec entspricht damit etwa 3,26 Lichtjahren, und der Stern 61 Cygni ist nach Bessels Messung 10,43 Lichtjahre entfernt – das Licht, das wir sehen, wäre also knapp 10,5 Jahre „alt".

Leider war die Messgenauigkeit, die Bessel, mit seinem nach heutigem Maßstab eher bescheiden zu nennenden Teleskop, vom Erdboden durch die wabernde Atmosphäre erreichen konnte, nicht sehr hoch. In den 1990er Jahren hat der europäische Forschungssatellit Hipparcos die Parallaxenwinkel von rund 120.000 Sternen mit hoher Präzision bestimmt. Danach hat 61 Cygni eine Parallaxe von 0,2854 Bogensekunden, was einer Entfernung

Die 20 hellsten Sterne

Stern	Rektaszension	Deklination	m_V	M_V	Spektraltyp	Entfernung (LJ)
Sirius	06ʰ45ᵐ09ˢ	−16°43'00"	−1ᵐ44	1ᵐ5	A1	8,57
Canopus	06:23:57	−52:41:44	−0,62	−5,5	F0	313
Arktur	14:15:39	+19:10:52	−0,05	−0,3	K0	36,7
Rigil Kentaurus	14:39:36	−60:50:00	0,01	4,4	G2	4,35
Wega	18:36:56	+38:47:02	0,03	0,6	A0	25,3
Kapella	05:16:41	+45:59:52	0,06	−0,5	G0	42,2
Rigel	05:14:32	−08:12:06	0,18	−6,7	B8	770
Prokyon	07:39:18	+05:13:30	0,40	2,7	F5	11,41
Beteigeuze	05:55:10	+07:24:25	0,45	−5,1	M0	427
Achernar	01:37:43	−57:14:12	0,54	−2,8	B5	144
Hadar	14:03:49	−60:22:23	0,61	−5,4	B1	525
Atair	19:50:47	+08:52:07	0,76	2,2	A5	16,8
Acrux	12:26:36	−63:05:57	0,77	−4,2	B1	321
Aldebaran	04:35:55	+16:30:33	0,87	−0,6	K5	65
Spica	13:25:12	−11:09:41	0,98	−3,6	B2	262
Antares	16:29:24	−26:25:55	1,06	−5,3	M0	600
Pollux	07:45:19	+28:01:34	1,16	1,1	K0	33,7
Fomalhaut	22:57:39	−29:37:20	1,17	1,7	A3	25,1
Becrux	12:47:43	−59:41:20	1,25	−3,9	B1	353
Deneb	20:41:26	+45:16:49	1,25	−8,7	A2	3200

von 3,5036 Parsec oder 11,427 Lichtjahren entspricht.

Absolute Helligkeiten

Damit ist 61 Cygni mehr als 700.000-mal weiter entfernt als die Sonne. Kein Wunder, so möchte man meinen, dass er viel lichtschwächer erscheint als jene, denn 61 Cygni ist als Stern der 6. Größenklasse mit bloßem Auge kaum zu sehen. Aber wie hell leuchtet er wirklich? Da – wie sich bald nach Bessels erster Messung herausstellte – die Sterne sehr unterschiedlich weit von uns entfernt sind, kann die gemessene, also scheinbare Helligkeit eines Sterns nicht als Maß für seine wahre Helligkeit herhalten – trotz objektiver Messung handelt es sich eben lediglich um eine „scheinbare" Helligkeit. Zum Glück wissen wir, wie die Intensität des Lichtes sich in Abhängigkeit von der Entfernung verändert: Sie nimmt mit dem Quadrat der Entfernung ab. Um die wahren Helligkeiten zweier Sterne miteinander vergleichen zu können, muss man also – zumindest rechnerisch – beide Sterne nebeneinander rücken, also auf gleiche Entfernung bringen. Für diesen Zweck haben die Astronomen das System der „absoluten" Helligkeit entwickelt. Sie gibt an, welche scheinbare Helligkeit ein Stern in einer Einheitsentfernung von zehn Parsec oder 32,6 Lichtjahren hätte. Würde die Sonne auf eine solche Entfernung entrückt, wäre sie rund zwei Millionen Mal weiter entfernt als jetzt, und die Intensität ihres Lichtes

würde auf ein Vierbillionstel geschwächt. Da das System der Größenklassen logarithmisch ist, entspricht ein Helligkeitsunterschied von 100 einer Größenklassendifferenz von 5. Ein Helligkeitsunterschied von 1 zu vier Billionen übersteigt damit mehr als 30 Größenklassen, so dass die Sonne in einer Entfernung von zehn Parsec oder 32,6 Lichtjahren nur noch eine Helligkeit von etwa 4,8er Größe besäße. Zur Unterscheidung von der scheinbaren Helligkeit wird die absolute Helligkeit mit einem hoch gestellten M abgekürzt. Die absolute Helligkeit der Sonne beträgt also $4^M,8$.

Der Stern 61 Cygni braucht dagegen nur in eine knapp dreifache Entfernung entrückt zu werden, so dass seine Intensität lediglich auf rund ein Achtel sinkt, was einer Größenklassendifferenz von rund 2,3 entspricht – die absolute Helligkeit von 61 Cygni liegt also bei $8^M,3$ und ist damit 3,5 Größenklassen geringer als die der Sonne. Mit anderen Worten: Die Sonne leuchtet etwa 25-mal heller als 61 Cygni. Astronomen drücken dieses Verhältnis gerne in Sonnenleuchtkräften aus und geben entsprechend die Leuchtkraft von 61 Cygni mit etwa 0,04 Sonnenleuchtkräften an. Ein Blick auf die Tabelle der 25 nächsten Sterne zeigt, dass nur rund ein Drittel davon mit bloßem Auge zu sehen sind. Umgekehrt können wir andere Sterne über viele hundert, ja sogar tausend Lichtjahre erkennen. Da man annehmen darf, dass der Anteil der leuchtschwachen Sterne nicht nur in der unmittelbaren Sonnenumgebung überwiegt, sondern mit wachsender Entfernung eher größer wird, weil auch leuchtkräftigere Sterne dann unter die Grenzgröße für das bloße Auge fallen, sehen wir nur einen sehr kleinen Bruchteil der Sterne in unserem Teil der Milchstraße. Geht man davon aus, dass die maximale absolute Helligkeit der Sterne bei etwa -9^M liegt, so könnten wir einen solchen Stern mit bloßem Auge über eine Distanz von maximal 30.000 Lichtjahren erkennen.

Licht ist eine seltsame Erscheinung: Grundsätzlich breitet es sich geradlinig aus, doch man kann es mit Hilfe zum Beispiel einer Glaslinse auch vom geraden Weg abbringen. Ebenso grundsätzlich erscheint das Licht der Sonne oder einer modernen Straßenlampe ziemlich weiß, und doch setzt sich dieses weiße Licht aus den verschiedensten Farben zusammen. Der natürliche „Beweis" dafür ist die Farbenpracht eines Regenbogens, die durch die Lichtbrechung in zahllosen Wassertröpfchen hervorgerufen wird, und wenn man das Licht einer Quecksilberdampf-Lampe durch ein Prisma (einen dreieckigen Glasblock) leitet, kann man plötzlich einzelne, diskrete Farbstreifen erkennen, deren Muster charakteristisch für das Element Quecksilber ist.

Farbige Sterne
Angesichts der zunehmenden Lichtverschmutzung müssen wir

Die 25 sonnennächsten Sterne

Stern	Rektaszension	Deklination	Spektraltyp	m_V	M_V	Entfernung (LJ)
Proxima Centauri	$14^h29^m41^s$	$-62°40'44"$	M5V	$11^m_.01$	$15^M_.4$	4,22
α Centauri A	14:39:36	$-60:50:00$	G2V	0,01	4,4	4,35
α Centauri B	14:39:35	$-60:50:12$	K0V	1,34	5,7	4,35
Barnard's Stern	17:57:49	$+04:41:36$	M4V	9,55	13,2	5,98
Wolf 359	10:56:29	$+07:00:54$	M6V	13,45	16,6	7,80
Lalande 21185	11:03:20	$+35:58:12$	M2V	7,47	10,5	8,23
L 726–8 A	01:39:01	$-17:57:00$	M5.5V	12,41	15,3	8,57
L 726–8 B	01:39:01	$-17:57:00$	M6V	13,2	16,1	8,57
Sirius A	06:45:09	$-16:43:00$	A1V	$-1,44$	1,5	8,57
Sirius B	06:45:09	$-16:43:00$	dA2	8,44	11,3	8,57
Ross 154	18:49:50	$-23:50:12$	M3.5V	10,47	13,1	9,56
Ross 248	23:41:55	$+44:10:30$	M5.5V	12,29	14,8	10,33
ε Eridani	03:32:56	$-09:27:30$	K2V	3,73	6,2	10,67
Ross 128	11:47:45	$+00:48:18$	M4V	11,12	13,5	10,83
L 789–6	22:38:33	$-15:18:06$	M5V	12,33	14,7	11,08
Groombridge 34 A	00:18:23	$+44:01:24$	M1.5V	8,08	10,4	11,27
Groombridge 34 B	00:18:26	$+44:01:42$	M3.5V	11,07	13,4	11,27
ε Indi	22:03:22	$-56:47:12$	K5V	4,68	7,0	11,29
61 Cygni A	21:06:54	$+38:45:00$	K5V	5,22	7,5	11,30
61 Cygni B	21:06:55	$+38:44:30$	K7V	6,03	8,3	11,30
BD +59° 1915 A	18:42:45	$+59:37:54$	M3V	8,9	11,2	11,40
BD +59° 1915 B	18:42:46	$+59:37:36$	M3.5V	9,68	12,0	11,40
τ Ceti	01:44:04	$-15:56:12$	G8V	3,5	5,8	11,40
Prokyon A	07:39:18	$+05:13:30$	F5IV–V	0,38	2,7	11,41
Prokyon B	07:39:18	$+05:13:30$	dA	10,7	13,0	11,41

STERNE – DIE LEUCHTFEUER IM ALL

froh sein, wenn wir am aufgehellten Nachthimmel überhaupt noch Sterne erkennen können. Die babylonische Großsucht zahlreicher Straßenlaternen, unbedingt auch die Milchstraße ausleuchten zu wollen, führt dazu, dass sich immer weniger Sterne gegen diese irdische Konkurrenz behaupten können. Wenn aber der Nachthimmel immer heller wird, geht der Kontrast zu den Sternen verloren, und man muss schon sehr genau hinsehen, um zumindest bei den helleren Sternen wenigstens die Ahnung einer Farbe zu bekommen.

Zum Glück sind unter den helleren Sternen auch einige fast schon farbintensive Objekte: Beteigeuze, der linke Schulterstern im Orion, erscheint im Vergleich zu dem bläulichweißen rechten Kniestern Rigel zweifellos orangerötlich; ähnliches gilt für Aldebaran, das „blutunterlaufene" Auge des benachbarten Stieres, oder Antares, den Hauptstern im Skorpion. Dagegen funkeln Spica, die „Kornähre" in der Jungfrau, und Bellatrix, der rechte Schulterstern des Orion, bläulichweiß, während Kapella im Fuhrmann und Prokyon im Kleinen Hund einen gelblichen Eindruck hinterlassen.

Seit der Entdeckung der Spektralanalyse durch Gustav Robert Kirchhoff und Robert Wilhelm Bunsen Mitte des 19. Jahrhunderts kennen die Astronomen auch die Bedeutung dieser Sternfarben – sie sind ein ungefähres Maß für die Temperatur der Sternoberfläche. So, wie glühend heiße Stahlschmelze beim Verlassen des Hochofens „weiß

glühend" erscheint und während des Abkühlens ihre Farbe über Gelborange und Hellrot zu immer dunkleren Rottönen wechselt, sind weißliche oder gelbe Sterne an ihrer Oberfläche deutlich heißer als rote Sterne.

Den theoretischen Hintergrund für diesen Zusammenhang zwischen Farbe und Temperatur eines Sterns lieferte Max Planck zu Beginn des 20. Jahrhunderts. Er konnte zeigen, wie die Energiemenge, die ein Körper bei einer bestimmten Wellenlänge abstrahlt, von seiner Temperatur abhängt: Die Plancksche Strahlungskurve ähnelt dem Profil eines mehr oder minder hohen Berges mit zwei unterschiedlich steilen Flanken, wobei Höhe und exakte Wellenlängenposition des Gipfelpunktes durch die Temperatur vorgegeben sind. Dabei sind diese Strahlungskurven grundsätzlich „Hüllkurven", das heißt, über den gesamten Wellenlängenbereich gibt es keine Schnittpunkte zwischen Kurven unterschiedlicher Temperaturen. (Streng genommen gilt dies zwar nur für so genannte ideale schwarze Körper, doch brauchen uns Abweichungen von dieser Voraussetzung bei unserer vereinfachten Betrachtung nicht zu stören.) Je heißer ein Stern ist, desto mehr Energie strahlt er bei jeder Wellenlänge ab. Heiße Sterne müssen entsprechend sehr viel mehr Energie bereitstellen als kühlere Sterne. Da aber auch Sterne nicht über grenzenlose Energievorräte verfügen, beeinflussen Temperatur und Leuchtkraft eines Sterns seine Lebenserwartung entscheidend.

Verräterische Linien

Schon im frühen 19. Jahrhundert fielen dem Optiker und Instrumentenbauer Joseph von Fraunhofer dunkle Linien im Spektrum der Sonne auf. Ihre Bedeutung wurde Mitte des 19. Jahrhunderts in einer interdisziplinären Zusammenarbeit von dem Chemiker Robert Wilhelm Bunsen und dem Physiker Gustav Robert Kirchhoff erkannt: Solche „Spektrallinien" sind wie charakteristische Fingerabdrücke der verschiedenen chemischen Elemente. Kirchhoff und Bunsen hatten ihre Untersuchungen an hellen Spektrallinien („Emissionslinien") durchgeführt, die auftreten, wenn heißes Gas leuchtet. Dagegen entstehen die dunklen, von Fraunhofer entdeckten Linien, wenn Atome in kühlerem Gas von Licht „ihrer" Wellenlängen bestrahlt werden; dabei werden sie selbst zum Leuchten angeregt, können aber die zuvor aufgenommene Energie in jede beliebige Richtung aussenden, wodurch die ursprüngliche Strahlung in Richtung Beobachter stark reduziert wird. Die dunklen Linien werden daher meist Absorptionslinien genannt. Die Analyse des Sternspektrums verrät daher sowohl die chemische Zusammensetzung als auch die Temperatur und andere Größen der Sternatmosphären. Seit Beginn des 20. Jahrhunderts verwenden die Astronomen zur einfachen Klassifizierung der Sterne ein System von Spektralklassen, das sich auf eine seltsam ungeordnet erscheinende Buchstabenreihe stützt: Die meisten Sterne lassen sich entsprechend ihrer Temperatur den Klassen O, B, A, F, G, K oder M zuordnen. Dabei stehen O- und B-Sterne am oberen Ende der Temperaturskala, M-Sterne am unteren. Zur besseren Unterteilung werden die Mitglieder der einzelnen Klassen noch mit einem Index versehen, der von null bis neun reicht; in diesem System ist unsere Sonne ein G2-Stern. Die merkwürdige Reihenfolge der Buchstaben lässt sich übrigens mit einem Merkspruch leicht einprägen: „Offenbar benutzen Astronomen furchtbar gerne komische Merksätze".

Das Hertzsprung-Russell-Diagramm

Als man schließlich daran ging, die Fülle spektroskopischer Sterndaten systematisch zu ordnen, stießen der dänische Astronom Eijnar Hertzsprung und sein amerikanischer Kollege Henry Norris Russell unabhängig voneinander auf einen verblüffenden Zusammenhang: Werden die Kenngrößen Temperatur (oder Spektraltyp) und Leuchtkraft (oder absolute Helligkeit) für jeden Stern in einem Diagramm gegeneinander aufgetragen, so verteilen sich die Sterne im Wesentlichen entlang einer Diagonalen (der so genannten Hauptreihe), die von hohen Temperaturen und Leuchtkräften in der linken oberen Ecke zu geringen Temperaturen und Leuchtkräften in der rechten unteren Ecke reicht.

Im Hertzsprung-Russel-Diagramm werden Temperatur und Leuchtkraft eines Sterns gegeneinander aufgetragen.

STERNE — DIE LEUCHTFEUER IM ALL | 141

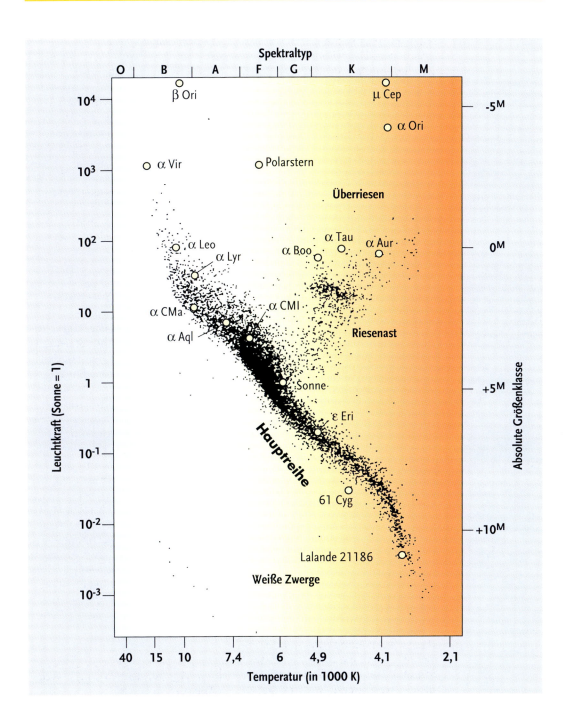

Da die Leuchtkraft eines Sterns neben seiner Temperatur auch noch von seinem Durchmesser abhängt, zeigt dieses Hertzsprung-Russell-Diagramm, dass Sterne nicht jeden beliebigen Durchmesser haben können: Offenbar hängt der Durchmesser eines Sterns vor allem von seiner Temperatur ab. Allerdings ist dieser Zusammenhang zumindest bei den kühleren Sternen nicht eindeutig, denn dort gibt es sowohl leuchtschwache Sterne auf der Hauptreihe als auch leuchtkräftige Sterne, die dann sehr viel größer sein müssen; entsprechend wird dieser Bereich als Riesenast bezeichnet.

Das „Wasserstoffbrennen"
Bei der Suche nach der Energiequelle der Sterne stießen die Physiker in den 1930er Jahren auf die Verschmelzung von Atomkernen. Sie setzt zwar extreme Temperatur- und Druckverhältnisse voraus, die aber tief im Innern der Sterne durchaus erreicht werden. Dort ist die normale Atomstruktur mit Atomkernen, die von Elektronen umrundet werden, längst aufgebrochen, und Protonen sowie Elektronen schwirren „wie wild" durcheinander. Dabei reicht die hohe Temperatur von mehr als 10 Millionen Grad aus, dass Protonen beim frontalen Zusammenstoß ihre gegenseitige Abstoßung aufgrund der gleichen elektrischen Ladung überwinden und miteinander verschmelzen können. So entsteht in mehreren Schritten aus den Protonen des Wasserstoffs, dem häufigsten Element in der Sonne und im

Kosmos allgemein, ein Atomkern des nächst schwereren und zweithäufigsten Elementes Helium. Und weil vier Protonen oder Wasserstoffkerne einzeln mehr Masse besitzen als ein Heliumkern, wird die überschüssige Materie nach der berühmten Gleichung von Albert Einstein ($E=mc^2$) in Energie umgewandelt. Nach diesem Prinzip verschmelzen im Innern der Sonne in jeder Sekunde rund 597 Millionen Tonnen Wasserstoff in 593 Millionen Tonnen Helium, und die Sonne verliert entsprechend in jeder Sekunde vier Millionen Tonnen Materie in Form von Energie. Trotz dieser gewaltigen Menge könnte die Sonne angesichts ihres fast unerschöpflichen Wasserstoffvorrates auf diese Weise etwa hundert Milliarden Jahre mit ihrer heutigen Leuchtkraft strahlen – wenn nicht die hohen Temperatur- und Druckwerte für die Wasserstofffusion notwendig wären. So aber wird die Sonne bereits zu „altern" beginnen, wenn gerade einmal zehn Prozent des Wasserstoffs im Kernbereich verbraucht sind: nach etwa sechs bis sieben Milliarden Jahren.

Das Leben der Sterne
Verallgemeinernd kann man sagen, dass alle Sterne auf der Hauptreihe des Hertzsprung-Russell-Diagramms ihre Energie aus der Wasserstofffusion gewinnen. Da sehr leuchtkräftige Sterne einen extrem hohen Energiebedarf haben, reicht deren Vorrat bei weitem nicht so lange wie der unserer Sonne oder gar noch leuchtschwächerer Ster-

ne: Aus den Sternmodellen der Astrophysiker lässt sich ableiten, dass die „Verweilzeit" eines Sterns auf der Hauptreihe etwa mit dem Quadrat der Sternmasse abnimmt, ein Stern mit zehnfacher Sonnenmasse also lediglich ein Hundertstel der Zeit auf der Hauptreihe verbringt, die unserer Sonne dort vergönnt ist. Mit anderen Worten können heiße, massereiche Sterne erst vor vergleichsweise kurzer Zeit entstanden sein, so dass ihre Umgebung vielleicht etwas über den Prozess der Sternentstehung verrät. Tatsächlich findet man heiße Sterne oft in der Nähe ausgedehnter Gas- und Staubwolken. Wenn solche Wolken beginnen, sich unter dem Einfluss äußerer oder innerer Kräfte zusammenzuziehen, können daraus neue Sterne entstehen. Bestes Beispiel hierfür ist der Orion-Nebel, in dem mittlerweile mehrere Hundert „Sternenbabies" entdeckt wurden. Am Ende dieser – zum Teil recht stürmischen – Anfangsphase landet ein neuer Stern – abhängig von seiner Masse – irgendwo auf der Hauptreihe des Hertzsprung-Russell-Diagramms, wo er dann die längste Phase seines Lebens Wasserstoff in Helium umwandelt.

Schon während dieser Zeit sinkt das Helium, die „Asche" des Wasserstoffbrennens, allmählich zur Sternmitte ab und trägt damit allmählich immer stärker zur Energieproduktion bei. Wenn schließlich mit dem Ausfall des Wasserstoffbrennens die erste Energiekrise des Sterns ausbricht, kann so der Zusammenbruch des Sterns zunächst verhindert werden – im Gegenteil: Die Temperatur im Innern steigt so weit an, dass Wasserstoff auch weiter außen in Helium umgewandelt werden kann.

Durch diese beiden Energiequellen gerät das bisherige Gleichgewicht zwischen Anziehungskraft und Strahlungsdruck aus den Fugen, und der Sterne bläht sich allmählich auf. Dabei kann durch die größer werdende Sternoberfläche die im Innern erzeugte Energie schneller abfließen, die äußere Hülle kühlt sich ab, und der Riesenstern leuchtet am Ende vorwiegend im rötlichen Licht: Ein „Roter Riese" ist entstanden.

Die weitere Entwicklung hängt ganz entscheidend von der Masse des Sterns ab. Massearme Sterne wie unsere Sonne verlieren in der

Große interstellare Wasserstoffwolken im Weltraum sind die Geburtsstätte neuer Sterne.

Rote-Riese-Phase einen Großteil ihrer äußeren Hülle und legen dabei den heißen Heliumkern frei; zurück bleibt ein weißer Zwergstern, kaum größer als die Erde oder allenfalls der Planet Uranus, aber durchaus eine ganze Sonnenmasse in sich vereinend. Seine innere Stabilität bezieht er aus der Tatsache, dass freie Elektronen nicht beliebig dicht zusammengepresst werden können – sie bilden vielmehr gleichsam Stützpfeiler, die den „Weißen Zwerg" vor dem endgültigen Kollaps bewahren. Massereichere Sterne durchlaufen vor ihrem Ende noch weitere Brennphasen und stürzen schließlich wie ein Kartenhaus in sich zusammen. Dabei wird wiederum ein Großteil der äußeren Hülle fortgeschleudert, doch wenn der verbleibende Rest mehr als 1,4 Sonnenmassen in sich vereint, kann er auch durch die „Elektronenpfeiler" nicht länger gestützt werden – er schrumpft weiter, bis schließlich ein Neutronenstern zurückbleibt, ein vielleicht 20 Kilometer kleines „Sternmonster", das sich einige dutzendmal in der Sekunde um seine eigene Achse dreht. Als so genannte Pulsare wurden solche Neutronensterne 1967 erstmals mit einem Radioteleskop beobachtet; heute kennt man mehrere tausend dieser Objekte.
Überschreitet die Restmasse des kollabierenden Sterns am Ende gar die drei- bis vierfache Sonnenmasse, dann kann selbst das Neutronengerüst eines Pulsars nichts mehr ausrichten, und der Materieklumpen muss haltlos weiter kolla-

bieren. Im weiteren Verlauf wird die Anziehungskraft an seiner Oberfläche schließlich so groß, dass sie selbst Licht zurückhalten kann, und damit verschwindet das Objekt von der Bildfläche. Zurück bleibt ein „Schwarzes Loch", das seine Existenz nur noch durch die extreme Wirkung seiner geballten Schwerkraft verrät.

Doppelsterne

Oft genug treten Sterne nicht allein, sondern paarweise auf, mitunter auch in kleineren Gruppen. Die Partner solcher Doppel- und Mehrfachsysteme sind in der Regel gemeinsam aus der ursprünglichen Gas- und Staubwolke entstanden. Da sie dabei zum Teil sehr unterschiedliche Startmassen erzielen konnten, müssen sie sich unterschiedlich schnell entwickeln, und so können wir sie trotz gleichen Alters in sehr verschiedenen Entwicklungsstadien beobachten. Dies erkennt man an den gelegentlich stark differierenden Farben der einzelnen Sternpartner. Doppelsterne sind keine Seltenheit: Etwa die Hälfte aller Sterne sind in Doppel- und Mehrfachsystemen gebunden.

Doppelsterne beobachten

Für die Beobachtung von Doppelsternen eignet sich jedes Fernglas und Teleskop, einige wenige können bereits mit bloßem Auge getrennt werden. Gerade für Einsteigerteleskope sind Doppelsterne lohnenswerte Objekte, denn im Gegensatz zu schwachen Nebeln und Galaxien hat man das Objekt

schnell gefunden. Ob man es dann auch als Doppelstern trennen kann, hängt wieder vom Lichtsammelvermögen (es gibt auch schwache Doppelsterne), oft aber sehr stark von der Trennschärfe ab. Linsenteleskope sind gegenüber den Spiegelteleskopen meist im Vorteil – was aber sehr von der Justagequalität des Spiegelteleskops abhängen kann.
Es gibt einige Doppelsterne, die selbst mit bloßem Auge als solche zu erkennen sind, etwa der „Augenprüfer" Mizar und Alkor, der mittlere Deichselstern im Großen Wagen. Doppelsterne sind oftmals

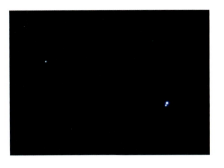

Mizar und Alkor im Großen Wagen; Alkor ist das bekannte Reiterlein auf der Wagendeichsel.

Die schönsten Doppel- und Mehrfachsterne

Sternbild	Stern	Helligkeiten	Abstand	Farben
Adler	23 Aql	5,3 / 9,3 / 13,5	3,1 / 11,3	gelb/grünlich
Andromeda	γ And	$2^m\!,3$ / $5^m\!,5$	$9''\!,8$	gelb/blaugrün
Bootes	ζ Boo	4,7 / 7,0	6,6	gelb/rot-orange
Delfin	γ Del	4,5 / 5,5	9,6	gelb/grün
Drache	ο Dra	4,8 / 7,8	34,2	gelb/grünblau
Fuhrmann	ψ₅ Aur	5,3 / 8,3	36,2	gelb/blau
Großer Hund	ν₁ CMa	5,8 / 8,5	17,5	gelb/tiefblau
Haar der Berenike	24 Com	5,2 / 6,7	20,3	gelb-orange/blau
Herkules	γ Her	3,8 / 9,8 / 12,2	$41''\!,6$ / $87''\!,7$	gelb/purpur
Herkules	α Her	3,5 / 5,4	4,7	orange/blaugrün
Jagdhunde	α CVn	2,9 / 5,5	19,4	bläulich/grünlich
Kassiopeia	α Cas	2,2 / 8,9	64,4	orange/purpur
Kassiopeia	η Cas	3,4 / 7,5	12,9	gelb/rötlich
Kepheus	δ Cep	3,4 / 7,5	41,0	gelb/blau
Krebs	ι₂ Cnc	6,0 / 6,5 / 9,1	$1''\!,4$ / $55''\!,6$	tiefgelb/blau
Krebs	ι₂ Cnc	6,0 / 6,5 / 9,1	$1''\!,4$ / $55''\!,6$	tiefgelb/blau
Krebs	ι₂ Cnc	6,0 / 6,5 / 9,1	$1''\!,4$ / $55''\!,6$	tiefgelb/blau
Leier	ϑ Lyr	4,4 / 9,1 / 10,9	$99''\!,8$ / $99''\!,9$	orange/bläulich
Löwe	6 Leo	5,2 / 8,2	37,4	gold/blau
Nördliche Krone	ζ CrB	5,1 / 6,0	6,3	blau/grünlich
Orion	ρ Ori	4,5 / 8,3	7,0	orange/blau
Pegasus	57 Peg	5,1 / 9,7	32,6	orange/blau
Perseus	ϑ Per	4,1 / 9,9	20,0	gold/blau
Perseus	η Per	3,8 / 8,5	28,3	orange/blau
Schwan	β Cyg	3,1 / 5,1	34,0	gold/blau
Schwan	61 Cyg	5,2 / 6,0	30,3	rot/orange
Schlange	β Ser	3,7 / 9,9	30,6	blau/gelb
Schlangenträger	70 Oph	4,2 / 6,0	3,8	gelb-orange/rot
Schütze	η Sgr	3,2 / 7,8	3,6	rot-orange/weiß
Skorpion	α Sco	1,2 / 5,4	2,9	rot-orange/grün
Steinbock	ρ Cap	5,0 / 6,7	247,6	gelb/orange
Stier	φ Tau	5,0 / 8,4	52,1	tiefgelb/blau
Wassermann	41 Aqr	5,6 / 7,1	5,0	gelb/blau
Wassermann	τ₁ Aqr	5,8 / 9,0	23,7	bläulich/gelb-orange
Widder	λ Ari	4,9 / 7,7	37,4	gelblich-weiß/blau

STERNE, NEBEL UND GALAXIEN

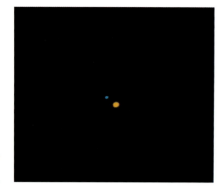

Der Doppelstern Albireo im Sternbild Schwan weist einen deutlichen Farbkontrast auf und ist bereits in kleinen Instrumenten gut zu beobachten.

hell genug, dass man sie selbst von der Stadt aus gut beobachten kann. Einige der schönsten Doppelsterne am Himmel sind in der Tabelle auf Seite 145 aufgeführt.

Nicht alle Doppelsterne sind in Wirklichkeit welche; man unterscheidet daher „optische" Doppelsterne von den physischen. Die optischen Doppelsterne stehen nur zufällig am Himmel nahe beisammen, sind in Wirklichkeit aber weit voneinander entfernt. Physische Doppelsterne sind echte Geschwister im All; sie umkreisen ihren gemeinsamen Schwerpunkt und verändern so auch (langfristig) ihren gegenseitigen Abstand.

Neben dem Abstand der beiden Einzelsterne, der in Bogensekunden angegeben wird, ist der Helligkeitsunterschied der Komponenten von Bedeutung. So ist der hellste Stern am Himmel, Sirius im Sternbild Großer Hund, ein relativ weit auseinander stehender Doppelstern. Doch ist der Hauptstern mit $-1{,}^m5$ so hell, dass er seinen mit $+8{,}^m7$ viel lichtschwächeren Begleiter (zumindest in Amateurteleskopen) völlig überstrahlt. Ist andererseits der Winkelabstand von zwei gleich hellen Komponenten so klein, dass er an der Auflösungsgrenze des Teleskops liegt, wird die allgegenwärtige Luftunruhe die Beobachtung deutlich erschweren. So kann es zu einer Herausforderung für den Beobachter werden, besonders enge Doppelsterne oder Komponenten mit besonders großem Helligkeitsunterschied noch zu trennen. Glücklicherweise gibt es eine ganze Reihe von Doppelsternen, deren Helligkeitsdifferenzen so klein und deren Abstände so groß sind, dass ihre Beobachtung auch in kleinen Instrumenten „ein Genuss" ist. Und zwar wegen ihrer Farben. Einen blauen und einen orangefarbenen Stern direkt nebeneinander stehen zu sehen, ist einfach ein ästhetischer Anblick.

Veränderliche Sterne

Lange Zeit hindurch galten Sterne gemeinhin als ewig unvergängliche Lichtquellen, die natürlich auch keinerlei Veränderungen zeigen konnten. Wenn dann doch in Ausnahmefällen solche Veränderungen unübersehbar waren, wurden sie als „wundersame" Effekte beschrieben. Bestes Beispiel hierfür ist der Stern Algol im Perseus – normalerweise der zweithellste Stern dieser Figur: Etwa alle zwei Tage und 21 Stunden nimmt seine Helligkeit aber für ein paar Stunden um mehr als eine Größenklasse ab, um dann wieder auf den gewohnten Wert anzusteigen. Um diese regelmäßige Helligkeitsänderung, die nach dem Weltverständnis der griechischen Antike eigentlich nicht sein konnte, zu kaschieren, trug Perseus in der griechischen Sagenwelt an passender Stelle das abgeschlagene Haupt der Medusa, deren Blick jeden zu Stein erstarren ließ. Selbst der heute noch gebräuchliche Name Algol, der sich aus dem Arabischen ableitet, bedeutet nichts anderes als „Dämon".

Dabei verändert Algol in Wirklichkeit gar nicht seine Helligkeit: Vielmehr umkreisen sich dort zwei unterschiedlich helle Sterne genau so, dass wir recht genau auf die Kante der Bahnebene blicken und (zumindest indirekt) verfolgen können, wie sich alle zwei Tage und 21 Stunden der dunklere von beiden vor den helleren schiebt und dessen Licht vorübergehend abschattet – an dieser Stelle werden wir Zeugen einer regelmäßig wiederkehrenden „Sternfinsternis". Damit zählt Algol zum Typ der so genannten Bedeckungsveränderlichen. Doch es gibt auch wirklich veränderliche Sterne, deren beobachtete Helligkeitsschwankungen durch physikalische Veränderungen des Sterns hervorgerufen werden. Manche blähen sich im Rhythmus der Helligkeitsschwankungen auf und ziehen sich wieder zusammen. Abhängig von der Dauer des Lichtwechsels unterscheidet man zwischen kurzperiodischen Veränderlichen wie etwa den Delta-Cephei-Sternen (so benannt nach dem ersten und auffälligsten Vertreter dieser Klasse, dem Stern Delta Cephei) und den langperiodischen Mira-Sternen. Die Mitglieder beider Sternklassen zeigen einen ver-

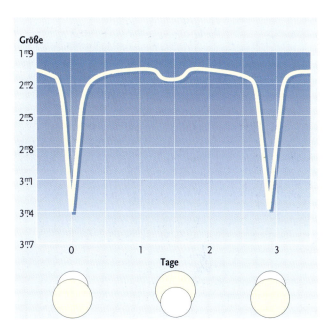

gleichsweise regelmäßigen Helligkeitswechsel, der allerdings nicht ganz so gleichmäßig erscheint wie der Taktschlag eines Bedeckungsveränderlichen.

Lichtkurve des Bedeckungsveränderlichen Algol (oben) und von δ Cephei (unten)

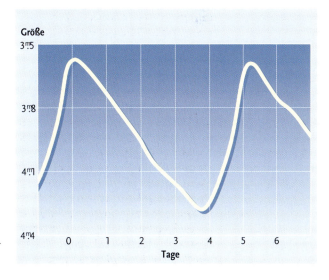

STERNE, NEBEL UND GALAXIEN

Die wichtigsten veränderlichen Sterne

Sternbild	Stern	Maximum	Minimum	Amplitude	Periode
Adler	η Aql	3,6	4,4	0,8	7,18
Andromeda	λ And	3,7	4,1	0,4	54,3
Fuhrmann	ε Aur	2,9	3,8	0,9	9885
Hase	μ Lep	3,0	3,4	0,4	2
Hase	R Lep	5,5	11,7	5,2	432
Jagdhunde	Y CVn	5,2	6,6	1,4	157
Kassiopeia	γ Cas	1,6	3,0	1,4	unregelmäßig
Kepheus	δ Cep	$3^m,7$	$4^m,6$	$0^m,9$	$5^d,4$
Kepheus	μ Cep	3,4	5,1	1,7	730
Kepheus	T Cep	5,3	8,4	2,9	401
Leier	β Lyr	3,3	4,3	1,0	12,9
Löwe	R Leo	4,4	11,3	6,9	312
Nördliche Krone	R CrB	5,8	14,8	9,0	unregelmäßig
Nördliche Krone	T CrB	2,0	10,8	8,8	unregelmäßig
Orion	α Ori	0,2	1,3	1,1	unregelmäßig
Pegasus	β Peg	2,4	2,8	0,4	unregelmäßig
Perseus	β Per	2,1	3,4	1,3	2,87
Perseus	ρ Per	3,3	4,0	0,7	50
Schild	R Sct	4,4	8,2	3,8	140
Schlange	δ Ser	4,8	5,7	1,3	unregelmäßig
Schlangenträger	χ Oph	4,2	5,0	0,8	unregelmäßig
Schütze	RR Sgr	6,0	14,0	8,0	334,6
Schütze	X Sgr	5,0	6,1	1,1	7,01
Schwan	χ Cyg	3,3	14,2	10,9	407
Skorpion	α Sco	1,0	2,0	1,0	1600
Waage	δ Lib	4,8	5,9	1,1	2,32
Walfisch	o Cet	3,0	10,0	7,0	332
Walfisch	T Cet	5,0	6,9	1,9	159
Wasserschlange	U Hya	4,7	6,2	1,5	450
Wasserschlange	R Hya	3,5	10,9	7,4	387

Wieder andere stoßen gelegentlich einen Teil ihrer äußeren Gashülle ab, der dann expandiert, sich abkühlt und das Licht des Sterns über längere Zeit verdunkeln kann. Sie werden als Eruptiv-Veränderliche bezeichnet.

Veränderliche Sterne beobachten

Bereits mit bloßem Auge kann man bei zahlreichen veränderlichen Sternen den Lichtwechsel verfolgen. Es hängt nur davon ab, wie hell der Stern erscheint und wie stark sein Lichtwechsel ist.
Veränderliche Sterne, die im Maximum heller als 6^m werden, sind mit bloßem Auge beobachtbar, Sterne mit einem Maximum heller als 4^m sind selbst an hellen Standorten noch erkennbar. Die Tabelle oben enthält die hellsten, von Mitteleuropa aus sichtbaren, veränderlichen Sterne. Zu den mit bloßem Auge beobachtbaren Veränderlichen zählen kurzperiodische mit einer Lichtwechselperiode von einigen Tagen, langperiodische mit einigen Hundert Tagen Periode und die unregelmäßig Veränderlichen. Periodisch veränderliche Sterne erreichen in regelmäßigen Abständen immer wieder dieselbe Helligkeit. Der Lichtwechsel kann in einer sich

periodisch wiederholenden Lichtkurve festgehalten werden. Dabei verändert der Stern nicht gleichmäßig seine Helligkeit rauf und runter, er kann vielmehr längere Zeit eine konstante Helligkeit besitzen, um dann plötzlich binnen Minuten schwächer zu werden, und ebenso nach recht kurzer Zeit schnell seine alte Helligkeit wiedererlangen. Bestes Beispiel dafür ist die Lichtkurve von Algol (siehe Seite 147). Der eigentliche Helligkeitswechsel kann also dramatisch schnell erfolgen. Am interessantesten, auch für die Wissenschaft, sind die unregelmäßig veränderlichen Sterne. Unregelmäßig bedeutet, die Helligkeitszu- oder -abnahme kann nicht vorhergesagt werden. Typisches Beispiel für diese Art von Sternen ist T Coronae Borealis. Im „Normalzustand" zählt er mit einer Helligkeit von 2^m zu den helleren Sternen am Himmel. Bis er plötzlich und unerwartet seine Helligkeit um bis zu neun Größenklassen vermindert und damit nur noch mit einem größeren Feldstecher oder einem Teleskop erkennbar ist. Genauso unvorhersehbar erhöht er seine Helligkeit wieder. Diese Sterne eignen sich sehr gut dazu, regelmäßige Beobachtungen durchzuführen, die Sternhelligkeit zu schätzen und im Beobachtungsbuch festzuhalten.

STERNHELLIGKEITEN SCHÄTZEN

Die Helligkeiten veränderlicher Sterne schätzt man mit Hilfe von Vergleichssternen bekannter (und stabiler) Helligkeit. Das Prinzip ist relativ einfach: Ist mein Veränderlicher zum Zeitpunkt x heller als Vergleichsstern A? Ist er zum selben Zeitpunkt dunkler als Vergleichsstern B? Dann muss seine Helligkeit einen Wert dazwischen besitzen. Die Kunst besteht lediglich darin, die richtigen Vergleichssterne in der Umgebung des Kandidaten zu finden. Die eigentliche Schätzung ist problemlos und erreicht bei einiger Erfahrung des Beobachters eine Genauigkeit von 0,1 Größenklassen.

Den veränderlichen Stern selbst muss man natürlich erst am Himmel identifizieren. Dazu wird wieder ein Himmelsatlas benötigt, der wenigstens Sterne bis zur achten Größenklasse darstellen sollte. Beim Auffinden schwächerer Sterne helfen uns Aufsuchkarten, in denen auch die passenden Vergleichssterne markiert sind. Diese Aufsuchkarten können von der Vereinigung der Sternfreunde (VdS) bezogen werden.

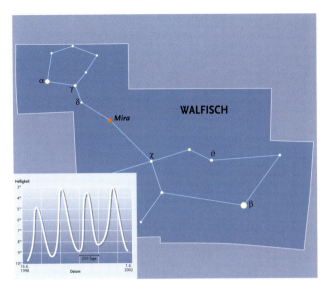

Aufsuchkarte für den Veränderlichen Mira im Sternbild Walfisch. Das Diagramm links unten zeigt die Helligkeitskurve von Mira über mehrere Jahre.

Nahe und ferne Milchstraßen

- Die Milchstraße beobachten 152
- Deep Sky, der „tiefe" Himmel 153
- Offene Sternhaufen 154
- Die interstellare Materie 157
- Kugelsternhaufen 162
- Galaxien 164

Schon bei der Himmelsbeobachtung mit bloßem Auge wird deutlich, dass alle Sterne in ein größeres System eingeordnet sind: die Milchstraße. Selbst die helleren Sterne zeigen eine gewisse Konzentration zu diesem schimmernden Band am Himmel, und das gilt erst recht für die viel zahlreicheren Sterne nahe der Sichtbarkeitsgrenze. Auch mit einem Fernglas oder kleinen Teleskop kann man erkennen, dass sich dieser Trend jenseits der sechsten Größenklasse weiterhin fortsetzt.

Aus dieser Beobachtung leitete Wilhelm Herschel bereits im späten 18. Jahrhundert eine Vorstellung über die Form (und Größe) des Systems ab. Er ermittelte in ausgewählten Himmelsfeldern die Zahl der Sterne abhängig von ihrer Helligkeit und nahm dann an, dass dieses System sich um so weiter in den Raum hinaus erstrecken würde, je mehr lichtschwache Sterne er in dieser Richtung sah. Über größere Distanzen würde er zwar nur noch die (absolut) helleren Sterne erkennen können, aber die sollten dann eben – wegen der großen Entfernung – als (scheinbar) lichtschwache Objekte in die Zählung eingehen.

Herschel fand so, dass die Milchstraße einer großen Linse ähnelt: Sie erschien ihm als flache, in der Mitte gewölbte Scheibe mit einem Durchmesser von etwa 8000 Lichtjahren und einer zentralen Dicke von vielleicht 800 Lichtjahren. Allerdings wirkte der Rand an manchen Stellen etwas ausgefranst. Heute wissen wir, dass dort Dunkelwolken das Licht weiter entfernter Sterne abschwächen und so eine nur geringe „Tiefe" der Milchstraße vorgaukeln.

Solche Dunkelwolken machen den Astronomen auch heute noch zu schaffen, wenn es darum geht, die wahre Form unseres Sternsystems zu bestimmen. Zum Glück haben die Wissenschaftler inzwischen Methoden gefunden, diese den Blick trübenden Gas- und Staubwolken zumindest in anderen Spektralbereichen zu durchschauen. So können sie mit Hilfe von radioastronomischen Beobachtungen die Verteilung der interstellaren Materie erschließen und daraus – wie bei einem Röntgenbild – gleichsam das „Knochengerüst" der Milchstraße rekonstruieren. Satellitenbeobachtungen im Infrarot- und Ultraviolettbereich steuern die Verteilung der Sternentstehungsgebiete und extrem junger, heißer Sterne bei, und die Röntgenastronomen schließlich finden unter anderem die „Sternfriedhöfe". Das entscheidende Manko bei nahezu allen Beobachtungen ist

NAHE UND FERNE MILCHSTRASSEN

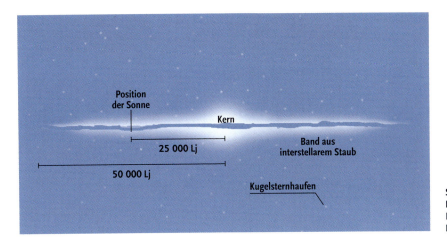

Schematische Darstellung der Milchstraße mit der Position der Sonne

allerdings die fehlende Information über die Entfernung der einzelnen Objekte. Selbst der europäische Astrometriesatellit Hipparcos hat nur die Sterne in der näheren Sonnenumgebung (bis zu etwa 1500 Lichtjahren) räumlich erfassen können. Zwar kann man von genügend hellen Sternen Spektren aufnehmen und damit eine Art spektroskopischer Entfernungsbestimmung versuchen. Dies geschieht nach dem Motto „Aus dem Spektrum kann ich die absolute Helligkeit des Sterns einigermaßen zuverlässig ermitteln und dann aus dem Vergleich von Soll- und Ist-Helligkeit die Entfernung ableiten", aber dies funktioniert eben nur bei helleren Sternen. Bei radioastronomischen Beobachtungen der interstellaren Materie muss man sich auf dynamische Überlegungen stützen, um die Distanzen der einzelnen Strukturen abzuleiten, für Sternhaufen ist noch eine andere Methode hilfreich, aber letztlich muss das ganze Bild von der Struktur unserer

Milchstraße noch immer als vorläufig angesehen werden.
Ihm zu Folge hat unser Sternsystem einen Durchmesser von rund 100.000 Lichtjahren und eine Dicke von etwa 5000 Lichtjahren, die zur Mitte hin auf mehr als das Doppelte anwächst. Dieser zentrale Wulst tritt auf den Panoramabildern unserer Milchstraße deutlich hervor – er liegt in Blickrichtung der Sternbilder Schütze und Skorpion und verrät damit auch die Richtung zum Milchstraßenzentrum. Leider ist das „zentrale Objekt" genau in der Mitte wegen vorgelagerter Gas- und Staubwolken im sichtbaren Bereich nicht zu erkennen und entsprechend auch nicht zu erforschen. Beobachtungen im Röntgen- und Radiobereich lassen allerdings vermuten, dass es sich um ein vergleichsweise ruhiges Schwarzes Loch von etwa drei Millionen Sonnenmassen handelt.
Die Gesamtmasse der Milchstraße wird mit etwa 100 bis 200 Milliarden Sonnenmassen angegeben.

STERNE, NEBEL UND GALAXIEN

Das Band der Milchstraße, aufgenommen mit einem Super-Weitwinkel-Objektiv.

gionen und den daraus erwachsenden jungen, heißen (und hellen) Sternen gleichsam vorgetäuscht werden. In Wirklichkeit handelt es sich gar nicht um eine stabile Formation, die beständig aus dem gleichen Material besteht: Die Spiralstruktur läuft vielmehr weitgehend losgelöst von der Materie durch die Milchstraße – wie ein Wellenreiter durch die Brandung. Deshalb werden die Spiralarme auch nicht durch die Rotation der Milchstraße allmählich aufgewickelt.

Die Milchstraße beobachten

Die Milchstraße ist das Objekt am Himmel, das uns die Tiefe des Weltraums wirklich bewusst machen kann. Das leuchtende Band am Himmel besteht aus Millionen schwacher Sterne, die tief gestaffelt hintereinander im Raum stehen. Die meisten Sterne in diesem Band können wir mit bloßem Auge nicht einzeln erkennen. In ihrer Gesamtheit jedoch erzeugen sie diesen diffusen, milchigen Schimmer des Milchstraßenbandes am Himmel. Unterbrochen wird das diffuse Leuchten durch dunkle Wolken aus Staub, der im interstellaren Raum zwischen den Sternen eingelagert ist und das Licht der weiter hinten stehenden Sterne dämpft oder gar ganz abblockt. In einer dunklen Nacht beobachten wir also mit bloßem Auge helle Sternwolken und so genannte Dunkelwolken im Band der Milchstraße.
Leider wird der Himmel in Mitteleuropa immer weiter durch das Streulicht der Straßenbeleuchtung,

Diesen Wert erhält man jedenfalls, wenn man die Bewegung der Sterne und Gaswolken um das galaktische Zentrum herum analysiert. Unsere Sonne ist etwa 25.000 Lichtjahre von diesem Zentrum entfernt und benötigt für einen Umlauf rund 220 Millionen Jahre. Aus dem Vergleich mit dem Aussehen anderer Milchstraßen (Galaxien) lässt sich eine Spiralstruktur erkennen, wobei die Spiralarme durch die Häufung von Sternentstehungsre-

von Leuchtreklamen und „Sky-Beamern" (Disco-Strahlern) aufgehellt. Die Milchstraße ist deshalb in urbanen Gebieten kaum noch zu erkennen. Den meisten Menschen in Mitteleuropa entgeht somit ein wunderschönes Naturerlebnis. Um die Milchstraße in ihrer vollen Pracht bewundern zu können, begibt man sich am besten in dunkle, dünn besiedelte Gebiete: ins Hochgebirge, aufs weite Land oder sogar aufs Meer.

Das beeindruckendste Bild gibt die Milchstraße in den Sommermonaten ab, obwohl man sie durchaus auch im Winter gut sehen kann. Nachdem sich das Auge an die Dunkelheit angepasst hat, erkennt man die hellsten Teile im Bereich der bei uns tief stehenden Sommersternbilder Schütze und Skorpion. Eine kleine dreieckige Sternwolke markiert etwas weiter nördlich das Sternbild Schild. Es folgen die Sternbilder Adler und Schwan, wo sich das helle Band in zwei Arme aufteilt. Weiter nördlich folgt das Sternbild Kepheus (mit einer großen runden Dunkelwolke) und das große „W" des Sternbildes Kassiopeia. Hier wird die Milchstraße deutlich schwächer. Nach der Kassiopeia taucht das Sternbild Perseus auf; hier blickt man zum Antizentrum der Galaxis, der Blick geht zum Rand der Diskusscheibe. Im Sternbild Fuhrmann wird die Milchstraße langsam wieder heller, geht durch das Sternbild Zwillinge zum Einhorn, östlich am markanten Orion vorbei ins Sternbild Großer Hund. Hier verschwindet für Beobachter in Mitteleuropa das

Milchstraßenband in den Sternbildern Segel und Hinterdeck wieder am Horizont.

Mehr als ein diffuses Leuchten wird man mit bloßem Auge allerdings nicht erkennen können. Dabei hat die Milchstraße viel mehr zu bieten: leuchtende Gasnebel, offene Sternhaufen und die kleinen Planetarischen Nebel. Mit einem Feldstecher oder Teleskop kann man so gleichsam alle Stadien der Sternentwicklung am Himmel beobachten. Der Feldstecher zeigt die hellen Sternwolken bereits in viele Einzelsterne aufgelöst, die aber immer noch vor einem diffusen Sternhintergrund stehen. Die Gasnebel und Sternhaufen heben sich aber deutlich von ihrer Umgebung ab und erscheinen als einzelne Objekte.

Deep Sky, der „tiefe" Himmel

Während sich die Himmelsbeobachter im 16. und 17. Jahrhundert auf die möglichst lückenlose Erfassung der Sterne beschränkten, begann man Mitte des 18. Jahrhunderts auch mit der systematischen Suche nach Kometen – immerhin hatte Edmond Halley für das Jahr 1758 die Wiederkehr des von ihm im Sommer 1682 beobachteten Kometen vorausgesagt. Um bei seiner Suche nicht ständig andere nebulöse Objekte am Himmel irrtümlich für neue Kometen zu halten, trug der französische Astronom Charles Messier zwischen 1758 und 1781 die Positionen von mehr als einhundert solcher „Nebel" zusammen; als Messier-Katalog ist er

STERNE, NEBEL UND GALAXIEN

Zwei offene Sternhaufen am Winterhimmel: die Plejaden (oben) und die Hyaden (der v-förmige Kopf des Sternbildes Stier, der helle Aldebaran ist ein Vordergrundstern)

heute noch ein erster Wegweiser zu den hellsten „Deep Sky"-Objekten, den Sternhaufen, leuchtenden Gas- und Staubnebeln und den Galaxien. Viele andere Nebel und Galaxien tragen so genannte NGC-Nummern, die auf den „New General Catalogue of Nebula and Clusters" von John Dreyer aus dem Jahr 1888 zurückgehen.

Beim Einsatz eines Teleskops für die Beobachtung von Deep-Sky-Objekten ist das Lichtsammelvermögen des Fernrohrs entscheidend; je größer dessen Öffnung, desto schwächere Objekte wird man beobachten können. Deep-Sky-Beobachter ziehen meist ein lichtstarkes Newton-Teleskop einem kleineren (aber genauso teuren) Refraktor vor. Um möglichst viel Licht in das Auge gelangen zu lassen, wählt man eine geringe Vergrößerung. So kann man die (helleren) Gasnebel bereits wunderbar im Detail erkennen. Bei Sternhaufen und den kleinen Planetarischen Nebeln kann man – je nach Größe des Objekts – die Vergrößerung zur Detailbeobachtung steigern.

Offene Sternhaufen

Einzelne Sternhaufen fallen dem Beobachter schon bei der Betrachtung mit bloßem Auge auf: Die Plejaden (das Siebengestirn) auf dem Rücken des Himmelsstieres zum Beispiel oder der v-förmige Umriss des Stierkopfes selbst – die Hyaden – sind als lokale Sternansammlungen kaum zu übersehen. Schon ein Fernglas zeigt, dass auch an anderer Stelle (zum Beispiel nahe der Grenze von Perseus und Kassiopeia oder im Krebs) solche Sternansammlungen existieren, wobei dann auch lichtschwächere Sterne sichtbar werden, die den Haufencharakter noch verstärken. Entwicklungsgeschichtlich sind die Sternhaufen so etwas wie Kindergärten für Sterne: Spektroskopische Untersuchungen haben gezeigt, dass die Sterne in diesen Haufen vielfach erst einige 10 bis 100 Millionen Jahre alt sind. Zwar werden massereiche Sterne kaum älter, aber die Mehrzahl der Sterne – die große Zahl der massearmen Sterne nämlich – hat eine wesentlich höhere Lebenserwartung. Die Zahl der Haufenmitglieder reicht von einigen Dutzend bei sehr schütteren Haufen bis zu etlichen Hundert oder gar mehreren Tausend – verteilt über einen Raum von bis zu 30 und mehr Lichtjahren.

Man darf davon ausgehen, dass die Mitglieder eines Haufens durch die gegenseitigen Anziehungskräfte zwar über lange Zeit, aber nicht bis in alle Ewigkeit, aneinander gebunden sind. Sie werden daher als offene Sternhaufen bezeichnet. Mit fortschreitendem Auflösungsprozess entwickeln sich offene Haufen zu so genannten Bewegungshaufen, deren Mitglieder nur noch an ihrer gemeinsamen Bewegung relativ zu den anderen Sternen der Milchstraße erkennbar sind. Ein solcher Sternstrom umfasst zum Beispiel mehrere Sterne des Großen Bären, aber auch solche auf der anderen Seite des Himmels – die Sterne dieses Stroms, der „momentan" gleichsam über uns hinwegzieht, haben sich also bereits auf mehr als 400 Lichtjahre voneinander entfernt.

Aus der Verteilung der offenen Sternhaufen innerhalb der Milchstraße können die Astronomen auch etwas über die Entwicklungsgeschichte der Milchstraße selbst lernen: Kaum einer der mehr als tausend bekannten Haufen steht mehr als 30 Grad von der Milchstraßenebene entfernt. Dies macht deutlich, dass die Sterne heute im Wesentlichen nahe (oder in) der Hauptebene der Milchstraße entstehen und allenfalls erst später – durch gegenseitige Störeinflüsse – aus dieser Ebene herausgelenkt werden. Vor Jahrmilliarden kann die Konzentration der Sternhaufen zur Milchstraßenebene hin dagegen noch nicht so ausgeprägt gewesen sein, wie die zahlreichen alten Sterne außerhalb der Milchstraßenebene belegen – damals waren aber auch die interstellaren Gas- und Staubwolken noch gleichmäßiger verteilt.

Der Doppelsternhaufen h und χ im Sternbild Perseus

Offene Sternhaufen beobachten

Die hellsten offenen Sternhaufen sind selbst bei hellerem Himmel in Stadtnähe noch ohne Hilfsmittel erkennbar. Selbst wenn die Einzelsterne in einem Haufen zu schwach sind, um ohne optisches Hilfsmittel erkennbar zu sein, so sorgt doch das Licht der Summe aller Sterne im Haufen dafür, dass zumindest ein diffuser Lichtfleck am Himmel sichtbar wird.

Die hellsten und größten offenen Sternhaufen sind vor allem die Plejaden (Siebengestirn, M 45) und die Hyaden (Regengestirn) im Stier, die Praesepe (Krippe, M 44) im Sternbild Krebs, und der Doppelsternhaufen h und χ im Sternbild

Perseus. Weniger bekannt, aber ebenfalls sehr hell, sind M 6 und M 7 im Sternbild Skorpion – sie stehen allerdings so weit südlich, dass sie bei uns nur wenige Grad über den Horizont steigen.
Die in der Tabelle unten aufgeführten Sternhaufen zählen zu den hellsten am Himmel.

Offene Sternhaufen können mit jeder Art von Teleskop gut beobachtet werden. Selbst bei geringer Vergrößerung sind die Sternhaufen bereits in Einzelsterne aufgelöst und der Haufen scheint im Umfeld der Sterne zu „schweben". Nicht selten erkennt man unter den hellsten Einzelsternen auch deutliche

Die schönsten offenen Sternhaufen

Sternbild	Sternhaufen	Helligkeit	Durchmesser	Anzahl	Entfernung
Andromeda	NGC 752	5,7	50	60	1300
Andromeda	NGC 7686	5,6	15	20	3200
Eidechse	NGC 7243	6,4	21	40	2600
Einhorn	M 50	5,9	16	80	2400
Einhorn	NGC 2232	3,9	30	20	1300
Einhorn	NGC 2264	4,4	30	40	2800
Einhorn	NGC 2301	6,0	12	80	2400
Füchschen	NGC 6940	6,3	31	60	2600
Fuhrmann	M 36	6,0	12	60	4100
Fuhrmann	M 37	5,6	24	150	4400
Fuhrmann	M 38	6,4	21	100	4300
Fuhrmann	NGC 2281	5,4	15	30	1600
Großer Hund	M 41	4,5	38	80	2400
Großer Hund	NGC 2362	4,1	8	60	5100
Hinterdeck	M 46	6,1	27	100	4600
Hinterdeck	M 47	4,4	29	30	1600
Hinterdeck	M 93	6,2	22	80	3600
Kassiopeia	NGC 457	6,4	13	80	9100
Kepheus	NGC 7160	6^{m}1	7'	12	4000 Lj.
Krebs	Praesepe	3,1	95	50	590
Orion	NGC 1662	6,4	20	35	1300
Orion	NGC 1981	4,6	25	20	1500
Orion	NGC 2169	5,9	7	30	3600
Perseus	M 34	5,2	35	60	1400
Perseus	h/χ	5,3 / 6,1	30 / 30	315	7500
Perseus	NGC 1528	6,4	23	40	2600
Perseus	NGC 1545	6,2	18	20	2600
Schild	M 11	5,8	13	200	5600
Schlange	IC 4756	4,6	52	80	1500
Schlangenträger	NGC 6633	4,6	27	30	1100
Schütze	M 23	5,5	27	150	2200
Schwan	M 39	4,6	32	30	880
Schwan	NGC 6871	5,2	20	15	5400
Skorpion	M 6	4,2	15	80	2000
Skorpion	M 7	3,3	80	80	780
Stier	Plejaden	1,4	120	100	410
Stier	Hyaden	0,8	400	40	150
Stier	NGC 1647	6,4	45	200	1800
Stier	NGC 1746	6,1	42	20	1400
Wasserschlange	M 48	5,8	54	80	2000
Zwillinge	M 35	5,1	28	200	2800

Farbunterschiede, die auf verschieden schnelle Entwicklungswege und damit auf unterschiedliche Sternmassen schließen lassen.

Die interstellare Materie

Der Raum zwischen den Sternen ist nicht wirklich leer: Staub und interstellares Gas sind nahezu überall anzutreffen, mal sehr dünn verteilt (nur einige Atome pro Kubikzentimeter), mal in dichteren Wolken mit einigen Hundert, Tausend oder auch noch mehr Atomen pro Kubikzentimeter, was aber immer noch viel „leerer" als im besten, auf der Erde technisch erreichbaren Ultrahochvakuum ist. Im „Normalzustand" ist diese interstellare Materie kalt – mit Temperaturen von nur wenigen Grad über dem absoluten Nullpunkt (−273,15 Grad Celsius oder 0 Kelvin) – und daher im Bereich des sichtbaren Lichtes dunkel, so dass sie lange Zeit hindurch von den Astronomen unbemerkt blieb. Erst zu Beginn des 20. Jahrhunderts fand Johannes Franz Hartmann in den Spektren heller Sterne Hinweise darauf, dass ein Teil des Lichtes auf dem weiten Weg zu uns offenbar „verloren geht", also absorbiert wird. Diese Absorption des Sternlichtes ist natürlich umso größer, je mehr Teilchen zwischen Stern und Beobachter liegen, je höher also entweder die Teilchendichte innerhalb der Wolke ist oder je ausgedehnter die Wolke ist; kommt beides zusammen, erscheint die Dunkelwolke besonders auffällig und sogar dem bloßen Auge sichtbar. Beispiele hierfür bietet das Sternbild Schwan, wo die Milchstraße gleichsam in zwei Fahrspuren getrennt ist, oder das Kreuz des Südens, wo der so genannte Kohlensack – zumindest auf Fotos – wie ein Loch in der Milchstraße erscheint.

Scheinbar sternarme Gebiete in der Milchstraße werden oft von interstellaren Dunkelwolken verursacht.

Reflexionsnebel

Da Sterne und solche interstellaren Gas- und Staubwolken gemeinsam, aber dennoch unabhängig voneinander, das Zentrum der Milchstraße umrunden, kommt es oft genug auch zu gegenseitigen Annäherungen. In diesem Fall wird das Licht des nahen Sterns von den Staubteilchen reflektiert („gestreut"), und man erkennt im Fernglas oder Teleskop einen diffusen Lichtfleck in der Umgebung des Sterns. Da der Staubanteil an der interstellaren Materie recht gering ist, sind solche Reflexionsnebel nicht sehr hell und werden meist nur auf lang be-

STERNE, NEBEL UND GALAXIEN

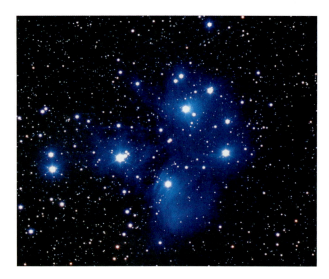

Die blauen Reflexionsnebel der Plejaden

Leuchtendes Wasserstoffgas und zahlreiche Dunkelwolken prägen das Bild des Eta-Carinae-Nebels.

Helle diffuse Gasnebel
Liegt die Oberflächentemperatur des nahen Sterns bei mehr als 9000 Kelvin, handelt es sich also um einen massereichen Stern der Spektraltypen O, B oder A, dann sendet dieser Stern auch größere Mengen an kurzwelliger Ultraviolettstrahlung aus, die in der Lage ist, das Gas in der Umgebung zum Leuchten zu bringen. Kurzwellige UV-Strahlung ist nämlich genügend energiereich, um Elektronen auf ihren Bahnen um den Atomkern „vom Kurs abzubringen" und damit zur Eigenstrahlung anzuregen. Bei einem O5-Stern reicht diese „Ionisationssphäre" mehrere hundert Lichtjahre weit, bei einem B0-Stern immerhin noch etwa 60 Lichtjahre, bei einem A0-Stern dagegen nur noch rund 1,5 Lichtjahre. Da Wasserstoff das häufigste Element im Kosmos ist, verraten sich solche Gas- oder Emissionsnebel auf Fotos meist durch ihre rötliche Farbe, die auf die stärkste Wasserstoff-Strahlung zurückzuführen ist: die so genannte Hα-Linie. Entsprechend werden solche Gasnebel von den Astronomen als HII-Regionen bezeichnet (wobei die römische II andeutet, dass der Wasserstoff einfach ionisiert ist). Leider ist das menschliche Auge für diese Wellenlänge nicht besonders empfindlich, und so sehen wir Emissionsnebel meist im Licht der deutlich schwächeren, zweitstärksten Strahlung des Wasserstoffs (Hβ) und der noch schwächeren Strahlung der wesentlich selteneren Sauerstoffatome (OIII). Beispiele für solche HII-Regionen sind der Orion-Nebel

lichteten Aufnahmen sichtbar. Dort zeigen sie stets die gleiche Farbe wie der beleuchtende Stern, denn die Natur des Lichtes wird bei der Reflexion oder Streuung an Staubteilchen nicht verändert. Beispiele für solche Reflexionsnebel sind die Plejaden-Nebel oder auch die Region um den Stern ρ Ophiuchi unweit des Sterns Antares.

(M 42) im gleichnamigen Sternbild, der Lagunen-Nebel (M 8) im Sternbild Schütze und der η-Carinae-Nebel am Südhimmel.

Da heiße O- und B-Sterne nicht sehr alt werden, befinden sie sich meist noch in unmittelbarer Nähe ihres Entstehungsortes und damit jener Gas- und Staubwolke, aus der sie erst vor – astronomisch – kurzer Zeit erwachsen sind. Somit markieren solche Emissionsnebel oft Sternentstehungsregionen, in denen noch heute neue Sterne heranwachsen.

Planetarische Nebel

Aber nicht nur junge, heiße – und damit notwendigerweise massereiche – Sterne können Emissionsnebel erzeugen: Gegen Ende ihres Lebens schmücken sich auch masseärmere Sterne wie unsere Sonne vorübergehend mit einem leuchtenden Gasnebel. Während der Rote-Riese-Phase verlieren sie gleichsam die Schwerkraftkontrolle über ihre aufgeblähte äußere Hülle, so dass die brodelnde Materie in Form eines heftigen Sternwinds in die Umgebung abdriften kann. Wenn dabei schließlich das heiße Innere des Sterns freigelegt ist, wird der sterbende Stern zu einem intensiven UV-Strahler, der die zuvor abgeblasene Hülle ionisiert und damit zum Leuchten bringt.

Anders als die HII-Regionen sind solche kosmischen „Trauerkränze" in der Regel recht klein, denn sie beschränken sich auf die mehr oder minder unmittelbare Umgebung eines Sterns: Zwar reicht die Ionisationssphäre eines weißen Zwergsterns durchaus weiter in den Raum hinaus, aber die Gasdichte der abgeblasenen Hülle wird mit wachsender Ausdehnung (einige Lichtjahre) schließlich so gering, dass die Intensität des durch die UV-Strahlung angeregten Eigenleuchtens unter die Nachweisgrenze sinkt. Da ist es kein Wunder, dass diese oft ziemlich rund wirkenden Nebel in den bescheidenen Teleskopen des späten 18. Jahrhunderts ähnlich wie der neu entdeckte Planet Uranus erschienen und deshalb den irreführenden Namen Planetarische Nebel erhielten. Erst mit den leistungsstarken Teleskopen des ausgehenden 20. Jahrhunderts konnten die Astronomen das oft bipolare Aussehen dieser Planetarischen Nebel erkennen und daraus wichtige Rückschlüsse auf die Endphasen der Sternentwicklung ziehen. Beispiele für Planetarische Nebel sind der Ring-Nebel in der Leier (M 57), der Hantel-Nebel im

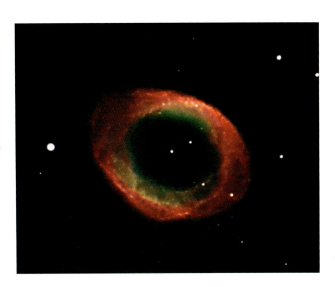

Der Ring-Nebel im Sternbild Leier gilt als das Vorzeigeobjekt der Planetarischen Nebel.

STERNE, NEBEL UND GALAXIEN

Der hellste Gasnebel am Nordhimmel befindet sich im Sternbild Orion unterhalb der drei Gürtelsterne. Schon mit einem Fernglas ist der Orion-Nebel leicht zu aufzufinden.

Man benötigt dazu einen wirklich dunklen Himmel und einen guten Feldstecher oder ein lichtstarkes Teleskop. Die Nebel sind Objekte mit relativ geringer Flächenhelligkeit, auch wenn der Katalogwert gerne eine eigentlich nicht vorhandene Helligkeit vorgaukelt. Die in der Tabelle unten angegebenen Helligkeiten sind daher nur Richtwerte.

Die hellsten galaktischen Nebel sind der Orion-Nebel (M 42) und der Lagunen-Nebel (M 8). Beide sind bereits mit bloßem Auge am dunklen Himmel erkennbar. Mit einem Feldstecher oder einem Teleskop lassen sich selbst von der Stadt aus Nebelflecken beobachten. Fast alle Gasnebel (vor allem der Orion-Nebel) enthalten auch viel interstellaren Staub, so dass sie zum Teil auch Dunkelwolken und Reflexionsnebel enthalten. Bekanntester und schönster unter den Reflexionsnebeln ist der Trifidnebel M 20 im Sternbild Schütze mit seinen roten (selbst leuchten-

Füchschen oder der „Countdown"-Nebel NGC 6543 im Sternbild Drache nahe dem Pol der Ekliptik.

Interstellare Nebel beobachten
Die interstellaren Nebel zählen zu den Himmelsobjekten, die oft am schwierigsten zu beobachten sind.

Die schönsten Nebel

Sternbild	Objekt	Typ	Helligkeit	Größe	Entfernung
Drache	NGC 6543	PN	8,3	0,3	3000
Einhorn	NGC 2237-46	GN	4,8	90	4600
Einhorn	NGC 2264	GN/DW		60 × 30	2800
Füchschen	M 27	PN	7,3	8,0	950
Orion	M 42	GN/RN	4,0	65	1500
Orion	NGC 2024	GN/RN	8,0	30	1500
Schlange	M 16	GN	6,0	28 × 35	8000
Schütze	M 8	GN	4,6	80 × 40	5500
Schütze	M 17	GN	6,0	11,0	4900
Schütze	M 20	GN/RN	6,3	28,0	5200
Walfisch	NGC 246	PN	8,5	4,0 × 3,5	
Wassermann	NGC 7009	PN	8,3	0,5 × 0,4	3000
Wassermann	NGC 7293	PN	6,3	16	400
Wasserschlange	NGC 3242	PN	8,0	0,75	1900

PN: Planetarischer Nebel, GN: Gasnebel, RN: Reflexionsnebel, DW: Dunkelwolke

NAHE UND FERNE MILCHSTRASSEN | 161

den) und blauen Reflexionsanteilen, in denen mit einem lichtstarken Instrument auch noch markante Dunkelwolken erkennbar sind.
Der Konusnebel ist eine Dunkelwolke tannenbaumförmiger Struktur im Gasnebel NGC 2264.
Der bekannteste Planetarische Nebel ist der Ring-Nebel M 57 in der Leier; zur Beobachtung mit dem Fernglas ist er allerdings zu klein. Bereits mit dem Feldstecher aufzufinden ist der Hantel-Nebel M 27 im Sternbild Füchschen.
Der größte und hellste Planetarische Nebel am mitteleuropäischen Himmel ist der Helix-Nebel NGC 7293 im Sternbild Wassermann; leider steht er sehr weit südlich und ist nur bei sehr guter Horizontsicht aufzufinden.

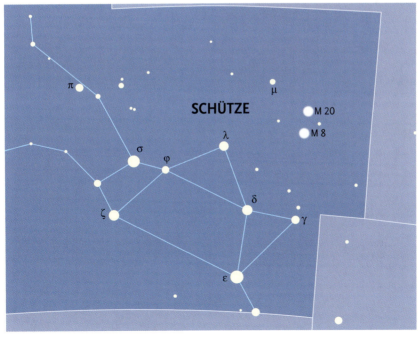

Foto (oben) und Aufsuchkarte (links) des Lagunen- (M 8) und Trifid-Nebels (M 20) im Sternbild Schütze

Kugelsternhaufen

Als die Teleskope – nicht zuletzt durch die Erfindung des (teilweise) farbkorrigierten zweilinsigen Fraunhofer-Objektivs – leistungsfähiger wurden, zeigte sich, dass nicht alle kreisrund erscheinenden „Nebel" des Messier-Katalogs zur Gruppe der Planetarischen Nebel gehörten: In einigen Fällen konnten zumindest die Randbereiche in Einzelsterne „aufgelöst" werden und die vermeintlichen Nebel erwiesen sich als sehr kompakt wirkende Sternansammlungen; für sie wurde der Begriff kugelförmige Sternhaufen geprägt.

Tatsächlich handelt es sich um auffallend dichte Sternansammlungen, die in einer Sphäre von vielleicht 50 bis 100 Lichtjahren Durchmesser (in Ausnahmefällen auch größer) einige Hunderttausend bis Millionen Sterne enthalten. Trotzdem stehen die Sterne selbst im Zentrum eines Kugelhaufens nicht so dicht, wie es auf den Fotos von solchen Sternansammlungen aussieht: Die Abstände der Sterne untereinander liegen immer noch im Bereich einiger Lichtwochen und sind damit immer noch mehrere Hunderttausendmal größer als die Sterne selbst. Bezogen auf die Größe eines Menschen entspräche dies einer Bevölkerungsdichte von nur einem Menschen pro 60.000 Quadratkilometern – oder gerade einmal sechs Menschen auf der Fläche Deutschlands.

Anhand ihrer Spektren erweisen sich die Sterne in Kugelhaufen als durchweg sehr alte Objekte – etwa 10 bis 12 Milliarden Jahre sind die Regel. Sie müssen daher in der Frühgeschichte unserer Milchstraße entstanden sein und können den Astronomen entsprechend wertvolle Hinweise auf diese frühe Zeit liefern. Entscheidend ist in diesem Zusammenhang die räumliche Verteilung der Kugelsternhaufen und ihre Bewegung um das Zentrum der Milchstraße. Anders als die offenen Sternhaufen konzentrieren sie sich nämlich nicht auf die Ebe-

Die schönsten Kugelsternhaufen

Sternbild	Objekt	Helligkeit	Durchmesser	Entfernung (Lj)
Haar der Berenike	M 53	7,7	14	60.000
Herkules	M 13	5,7	16,6	23.000
Herkules	M 92	6,4	11,2	25.000
Jagdhunde	M 3	6^m4	18'	34.000
Pegasus	M 15	6,0	12,3	32.000
Schlange	M 5	5,7	17,4	26.000
Schlangenträger	M 9	7,6	9,3	24.000
Schlangenträger	M 10	6,6	15,1	15.000
Schlangenträger	M 12	6,8	14,5	17.000
Schlangenträger	M 14	7,6	11,7	33.000
Schlangenträger	M 19	6,7	13,5	35.000
Schlangenträger	M 62	6,6	14,1	20.000
Schütze	M 22	5,1	24	10.000
Skorpion	M 4	5,8	26,3	6.800
Taube	NGC 1851	7,3	11	39.000
Wasserschlange	M 68	7,7	12	131.000

ne der Milchstraße, sondern gruppieren sich mehr oder weniger sphärisch um die Kernregion, werden also auch bei hohen galaktischen Breiten beobachtet. Dies deutet darauf hin, dass die Milchstraße vor mehr als 10 Milliarden Jahren noch nicht so stark auf eine flache Scheibe hin konzentriert war, sondern eine eher kugelförmige Gestalt besaß. Es bedeutet ferner, dass Kugelsternhaufen das galaktische Zentrum auf stark gegen die Milchstraßenebene geneigten Bahnen umrunden und dabei immer wieder die Hauptebene der Milchstraße durchstoßen müssen. Das wiederum kann nicht ohne Einfluss auf die Zusammensetzung bleiben – zumindest das Gas und der Staub zwischen den Sternen muss dabei längst „herausgefegt" worden und damit verloren gegangen sein. Tatsächlich sind kugelförmige Sternhaufen nahezu bar jeder interstellaren Materie. Dass sie selbst diese wiederholten Kamikazeflüge überstanden haben, spricht für den starken inneren Zusammenhalt, der durch die gegenseitigen Anziehungskräfte aufgebaut wird. Insgesamt sind etwa 150 Kugelhaufen in der Umgebung unserer Milchstraße bekannt, doch die Gesamtzahl dürfte um einiges höher liegen. Zu ihnen gehören M 13 im Sternbild Herkules, M 15 im Pegasus und Omega Centauri am Südhimmel, einer der größten Kugelhaufen unserer Milchstraße.

Kugelsternhaufen beobachten
Die hellsten Kugelsternhaufen sind bei sehr guten Bedingungen mit bloßem Auge als kleine diffuse Flecken zu sehen. Ein Feldstecher zeigt Kugelhaufen schon besser und in ihrem Umfeld am Himmel. Ein Teleskop lässt, je nach Öffnung, den Kugelsternhaufen als runden Fleck oder aber in Einzelsterne aufgelöst erkennen. Man darf in diesem Fall ruhig stärker vergrößern, um den Kugelhaufen in Einzelsterne aufzulösen. Bei M 13 – dem hellsten Kugelhaufen am nördlichen Himmel – kann man etwa ab einem Instrument von 15 Zentimetern Öffnung davon ausgehen, zumindest die Randpartien in Einzelsterne auflösen zu können. Neben Durchmesser und Helligkeit unterscheiden sich die Kugelhaufen auch in ihrer Sternzahl und der Konzentration ihrer Mitgliedssterne.

Der Kugelsternhaufen M 13 im Sternbild Herkules ist der hellste Vertreter seiner Art am nördlichen Sternhimmel.

STERNE, NEBEL UND GALAXIEN

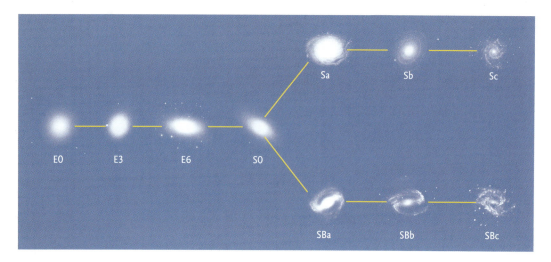

Galaxien

Das Hubble-Schema teilt die Galaxien in drei Grundtypen ein: E steht für elliptische Galaxien, S für Spiralgalaxien und SB für Balkenspiralen.

In klaren Herbstnächten kann man von einem dunklen Standort aus schon mit bloßem Auge im Sternbild Andromeda einen verwaschenen Lichtfleck erkennen. Nimmt man ein Fernglas zu Hilfe, erscheint der neblige Fleck zwar größer, bleibt aber diffus, und auch ein ausgewachsenes Amateurfernrohr lässt dort allenfalls eine zarte Spiralstruktur erahnen. Trotzdem handelt es sich bei diesem „Andromeda-Nebel" nicht um einen leuchtenden Gasnebel, sondern um ein weit entferntes Sternsystem, das – ähnlich wie die Milchstraße – aus vielen hundert Milliarden Sternen besteht. Mit einer Distanz von mehr als 2,5 Millionen Lichtjahren ist die Andromeda-Galaxie der nächste größere Nachbar unserer Milchstraße. Den Beweis dafür erbrachte der amerikanische Astronom Edwin Hubble, der in den 20er Jahren des 20. Jahrhunderts mit dem damals größten Teleskop, dem 2,5-Meter-Spiegel auf dem Mount Wilson, in den Randbereichen des Andromeda-Nebels einzelne Sterne erkennen und deren Helligkeit abschätzen konnte.

Einige Jahre später entwickelte Hubble ein Klassifizierungssystem

M 31, die Andromeda-Galaxie, ist in klaren Herbstnächten bereits mit bloßem Auge als matt schimmernder Lichtfleck zu sehen.

Zeichnung der Spiralgalaxie M 63 von Werner E. Celnik; diesen Anblick hat man in einem mittleren Amateurteleskop.

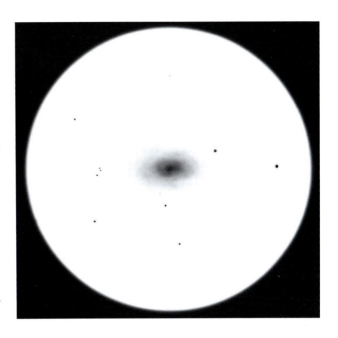

für Galaxien, das sich an ihrem Aussehen orientierte. Dabei unterschied er zwischen weitgehend strukturlosen, aber regelmäßig geformten elliptischen Galaxien, mehr oder minder stark strukturierten Spiralgalaxien und den eher unregelmäßigen Systemen ohne erkennbare Struktur. Sein „Stimmgabel-Diagramm" wird noch heute zu einer ersten Beschreibung ferner Galaxien benutzt.

Galaxien beobachten

Galaxien zählen beobachtungstechnisch zu den diffusen Objekten,

Die schönsten Galaxien

Sternbild	Objekt	Helligkeit	Ausdehnung	Typ	Entfernung
Andromeda	M 31	3,4	185 x 75	Sb	2,2
Bildhauer	NGC 253	7,6	30,0 x 6,9	Sc	8
Dreieck	M 33	5,7	67,0 x 41,5	Scd	2,4
Eridanus	NGC 1291	8,5	11,0 x 9,5	SB0	30
Fische	M 74	9,4	11,0 x 11,0	Sc	30
Giraffe	NGC 2403	8,5	25,5 x 13,0	Scd	10
Großer Bär	M 81	6,9	24,0 x 13,0	Sab	10
Großer Bär	M 82	8,4	12,0 x 5,6	I0	10
Großer Bär	M 101	8,0	26,0 x 26,0	Scd	15
Haar der Berenike	M 64	8,5	9,2 x 4,6	Sab	42
Jagdhunde	M 51	8,4	8,2 x 6,9	Sbc	38
Jagdhunde	M 63	8,6	13,5 x 8,3	Sbc	42
Jagdhunde	M 94	8,2	13,0 x 11,0	Sab	32
Jagdhunde	M 106	8,4	20,0 x 8,4	Sbc	39
Jungfrau	M 49	8,4	8,1 x 7,1	E2	42
Jungfrau	M 60	8,8	7,1 x 6,1	E2	42
Jungfrau	M 87	8,6	7,1 x 7,1	E0	42
Jungfrau	M 104	8,0	7,1 x 4,4	Sa	40
Löwe	M 66	8,9	8,2 x 3,9	Sb	30
Löwe	NGC 2903	9,0	12,0 x 5,6	Sbc	23
Löwe	NGC 3521	9,0	12,5 x 6,5	Sb	23
Walfisch	M 77	8,9	8,2 x 7,3	Sab	50
Walfisch	NGC 247	9,2	19,0 x 5,5	Sd	7
Wasserschlange	M 83	7,6	15,5 x 13,0	Sc	15

S: Spiralgalaxie, SB: Balkenspirale, E: Elliptische Galaxie, I: Irreguläre Galaxie, a: enge Spirale, c: offene Spirale

STERNE, NEBEL UND GALAXIEN

Die Sombrero-Galaxie
M 104

obwohl sie größtenteils aus Sternen bestehen. Sie sind so weit entfernt, dass man sie mit Amateur-Instrumenten nicht in Einzelsterne auflösen kann. Ausnahmen stellen nur die Große und die Kleine Magellansche Wolke dar (benannt nach dem berühmten Seefahrer). Beide Wolken sind nur etwas mehr als 200.000 Lichtjahre entfernt und damit Begleiter unseres Milchstraßensystems. Leider stehen diese bei-

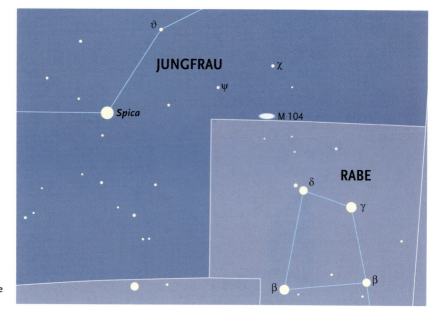

Aufsuchkarte für die
Sombrero-Galaxie
M 104 im Sternbild
Jungfrau, an der Grenze
zum Sternbild Rabe

Zeichnung der Sombrero-Galaxie nach einer Beobachtung mit einem 12-cm-Teleskop

den prachtvollen Klein-Galaxien am Südhimmel und steigen in Mitteleuropa nicht über den Horizont. Für hiesige Beobachter ist die oben bereits erwähnte Andromeda-Galaxie (M 31) erste Wahl. Der Andromeda-Nebel dürfte ähnlich aussehen wie unsere Milchstraße von außen: ein helles elliptisches Zentralgebiet gelblicher Farbe, umgeben von Spiralarmen, die wegen der vielen jungen Sterne darin bläuliches Licht abgeben. Gleich neben dem Andromeda-Nebel stehen zwei kleine, elliptische Galaxien – die Analogie zu unserer Milchstraße mit den Magellanschen Wolken ist verblüffend.

Die nächsthellere Galaxie, M 33 im Sternbild Dreieck, ist ein ideales Objekt, um die Qualität des Himmels zu testen: Unter idealen Bedingungen problemlos mit bloßem Auge auszumachen, ist M 33 unter durchschnittlichen Bedingungen auch für das Fernglas eine schwierige Aufgabe und am Stadthimmel eigentlich unsichtbar. Der Hobby-Astronom trifft hier auf das typische Problem bei der Beobachtung von Galaxien (und allgemein von Deep-Sky-Objekten): die sehr niedrige Flächenhelligkeit der Objekte. Gerade bei Galaxien erscheint das Zentrum oft kompakt und hell, die Spiralarme aber diffus, ausgedehnt und sehr lichtschwach. Dies sollte bei der Beobachtung mit kleinen Instrumenten aber nicht enttäuschen, denn immerhin blickt der Beobachter hier in Entfernungen von Millionen Lichtjahren.

Elliptische Galaxien erscheinen im Teleskop strukturlos, da sie keine Spiralarme besitzen. Der Sombrero-Nebel M 104 im Sternbild Jungfrau zum Beispiel (siehe Aufsuchkarte links und Bilder oben) hat seine Bezeichnung aufgrund seiner hutförmigen Gestalt erhalten: Wir beobachten diese Spiralgalaxie direkt von der Kante und sehen eine durch ein Dunkelwolkenband zweigeteilte Struktur.

Vom Amateur zum Profi

Praktische Astrofotografie

- Einfache Fotos mit dem Fotoapparat 170
- Fotografie mit exakter Nachführung 174
- Aufnahmen durch das Teleskop 176
- Fotografie mit langer Brennweite 177
- Den richtigen Film wählen 178
- Die Filmentwicklung 179
- Digitale Bilderwelt 180

Einfache Fotos mit dem Fotoapparat

Eine faszinierende Disziplin der Astronomie ist die Astrofotografie. Selbst mit handelsüblichen Spiegelreflexkameras und Filmen ist es möglich, Himmelsobjekte auf den Film zu bannen. Im Unterschied zur „normalen" Fotografie irdischer Objekte sind die Belichtungszeiten aber sehr lang und erfordern oft eine spezielle Technik. Die in diesem Buch abgebildeten Aufnahmen stammen fast alle von Amateur-Astronomen – allerdings von solchen, die durch jahrelange Praxis ihre Aufnahmetechnik in vielerlei Hinsicht optimiert haben. Zum Thema Astrofotografie werden ganze Bücher geschrieben und man kann (wie in der Astronomie allgemein üblich) beliebig viel Zeit und Geld investieren. Einfache Astroaufnahmen sind aber auch einfach zu machen, und dazu dient diese Kurzeinführung.

Die erforderliche Ausrüstung
Für einfache Astrofotos ist noch nicht einmal ein Teleskop nötig. Am besten eignet sich eine (möglichst mechanische) Spiegelreflexkamera mit dem typischen 50-mm-Normalobjektiv. Die Kamera sollte folgende technische Voraussetzungen besitzen:

- Beliebige Dauerbelichtung (B-Einstellung)
- Anschluss eines Drahtauslösers
- Mechanischer Verschluss (am besten ohne Batterie)
- Kein Autofokus bzw. Autofokus abschaltbar
- Kein Zoom-Objektiv
- Am Kameraboden Anschlussgewinde für ein Stativ
- Einen lichtempfindlichen Film

Spiegelreflexkamera mit Drahtauslöser auf einem Fotostativ – mehr benötigt man nicht für erste Sternbildaufnahmen.

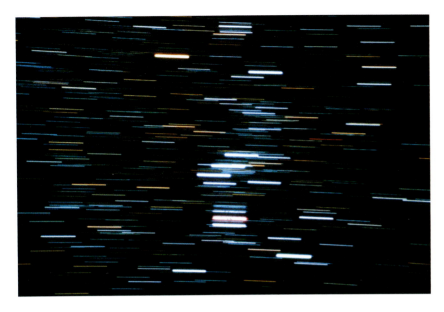

Strichspuraufnahme des Sternbildes Orion

Um die Kamera mit dem Teleskop zu verbinden, muss das Objektiv abnehmbar sein, und man benötigt einen speziellen Foto-Adapter (erhältlich beim Teleskophändler, Adressen siehe Anhang). Für den Einstieg beginnt man aber besser mit dem Kameraobjektiv, bevor man dazu übergeht, durch das Teleskop zu fotografieren.

Aufnahmen mit dem Kameraobjektiv

Ohne parallaktische Montierung kann die Kamera der Bewegung der Sterne nicht nachgeführt werden, die Belichtungszeit ist auf einige Sekunden begrenzt. Dazu wird die Kamera fest auf ein stabiles Stativ montiert. Die Sterne werden nach längerer Belichtung folglich als Striche auf dem Film erscheinen, während der Horizont scharf abgebildet sein wird.

... MIT STEHENDER KAMERA

Solche Strichspuraufnahmen haben durchaus ihren Reiz. Geeignete Motive dafür gibt es reichlich: die Sternbilder mit den Farben der Sterne, die veränderliche Position der Planeten in den Sternbildern (bei Aufnahmen im Abstand mehrerer Tage oder Wochen), Dämmerungsaufnahmen, Aufnahmen von Meteoren. Für diese Aufnahmen wählen wir die größte Öffnung des Kameraobjektivs, also Blende 1,4 oder Blende 2,8. Am besten eignet sich ein Farbdiafilm mit 400 (oder 800) ISO. Bleibt die Frage nach der Belichtungsdauer. Die Dauer der Belichtung hängt auch von der Himmelshelligkeit ab. Aus der Stadt heraus ist der Himmel hell, und man kann nur relativ kurz belichten – ein Standort mit dunklem Himmel ist bei der Fotografie unbedingt anzuraten. Am besten

Strichspuraufnahme der südlichen Milchstraße im Gebiet des Sternbildes Schützen mit stehender Kamera. Der Horizont bleibt scharf, die Sterne werden aufgrund der Erddrehung zu Strichen verzogen.

fertigt man eine Aufnahmeserie an; beginnend bei 15 Sekunden wird die Belichtungszeit von Bild zu Bild verdoppelt. Bei 30 Minuten wird der Himmel so stark belichtet sein, dass sich längere Belichtungen nicht lohnen. Eine Ausnahme gibt es: Strichspuraufnahmen um den Himmelspol. Hier kann man (dann mit Blende 5,6 und einem 100-ISO-Film) mehrere Stunden lang belichten. Alle Aufnahmen werden im Beobachtungsbuch notiert, mit Datum und Uhrzeit, Motiv, Objektivbrennweite und Blende, Film und Belichtungsdauer. Nach der Entwicklung schaut man sich die Bil-

der genau an und wählt das Bild, das den Himmelshintergrund gerade eben gut erkennen lässt. Dies ist dann die Standard-Belichtungszeit für den gewählten Standort und wird so im Beobachtungsbuch festgehalten.
Sollen die Sterne als Punkte auf dem Film abgebildet werden, so darf man nur so kurz belichten, dass die scheinbare Himmelsdrehung noch nicht abgebildet wird. Die maximal mögliche Belichtungsdauer hängt von der Aufnahmebrennweite und der Deklination des fotografierten Objektes ab (siehe dazu Tabelle unten).

Maximale Belichtungsdauer mit stehender Kamera

Brennweite	Maximalbelichtungszeit in Sekunden		
	Deklination = 0°	Deklination = 45°	Deklination = 60°
28 mm	28	40	56
50	16	23	32
80	10	14	20
135	6	8	12
300	3	4	6

So lange man eine bestimmte Belichtungszeit nicht überschreitet (siehe Tabelle links unten), bleiben die Sterne punktförmig.

Aus der Tabelle erkennt man, dass Aufnahmen mit Teleobjektiven bei stehender Kamera wenig Sinn machen: Zum einen ist die Lichtempfindlichkeit von Teleobjektiven bei den üblichen Blenden 5,6 bis 11 sehr gering, zum anderen kann man aufgrund der längeren Brennweite nur recht kurz belichten. Besser eignen sich daher Weitwinkel- oder Normalobjektive. Wie groß das abgebildete Himmelsareal bei verschiedenen Brennweiten ist, zeigt die Tabelle links. Zur Erinnerung: Der Mond hat einen scheinbaren Durchmesser von 0,5 Grad. Die Verbindungslinie zwischen Beteigeuze und Rigel im Orion ist dagegen 19 Grad lang.

Gesichtsfelder im Kleinbild-Format

Brennweite	Gesichtsfeld
28 mm	46°,4 x 65°,5
30	43,6 x 61,9
50	27,0 x 39,6
80	17,1 x 25,4
135	10,2 x 15,2
180	7,6 x 11,4
300	4,6 x 6,9
500	2,8 x 4,1
1000	1,4 x 2,0
2000	0,7 x 1,0

... MIT NACHGEFÜHRTER KAMERA

Die eigentliche Astrofotografie beginnt damit, dass die Kamera mit Objektiv parallel zu einem Teleskop mit parallaktischer Montierung befestigt wird. Dann ist es möglich, die Kamera über Minuten hinweg den Sternen nachzuführen und so schwächere, für das bloße Auge unsichtbare Objekte abzubilden. Wer noch nicht über ein solches Teleskop verfügt, kann auch eine selbst gebaute „Klappholznachführung" (eine Anleitung dazu findet sich zum Beispiel im Buch „Astrofotografie für Einsteiger") benutzen oder eine (allerdings schon wieder recht teure) „Mini-Montierung" zur

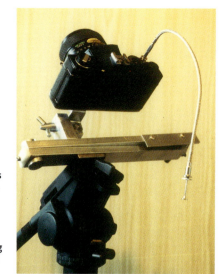

Rechts:
Mit der „Klappholz-Montierung" und etwas Übung sind bereits einfache nachgeführte Aufnahmen möglich.

Unten:
Eine stabile Montierung trägt mehrere Kameras gleichzeitig.

Fotografie, wie sie im Fachhandel angeboten wird.
Besser setzt man aber die eigene „große" Teleskopmontierung ein. Während die beiden oben beschriebenen Alternativen keine Korrektur der Nachführung gestatten, hat man hier die Möglichkeit, mit Hilfe des Teleskops die exakte Nachführung der Kamera auf einen Stern zu kontrollieren und bei Bedarf (der sich ständig ergibt) zu korrigieren. Auch hier gilt, dass die maximale Belichtungszeit für den gewählten Standort, den eingesetzten Film und die gewählte Blende einmal durch Testreihen ermittelt werden muss. Zur Verbesserung der Abbildungsqualität des Objektives wird nun um eine oder zwei Blendenstufen abgeblendet und dafür die Belichtungsdauer verlängert.

Fotografie mit exakter Nachführung

Die größte Herausforderung bei der Astrofotografie ist es, eine Aufnahme mit exakt punktförmigen Sternen zu erhalten. Was bei Brennweiten bis 200 mm noch relativ leicht zu erreichen ist, entpuppt sich mit steigender Brennweite als anstrengende Aufgabe. Dazu wird im Teleskop ein Okular mit (im Idealfall beleuchtetem) Fadenkreuz eingesetzt und ein hellerer Stern zur Kontrolle der Aufnahme eingestellt. Während der Belichtung beobachtet man den im Fadenkreuz eingestellten Stern und hält ihn möglichst genau auf derselben Stelle. Ohne Nachführmotor muss man dazu ständig (und sehr gleichmä-

PRAKTISCHE ASTROFOTOGRAFIE

Eine gut nachgeführte Sternfeldaufnahme zeigt punktförmige Sterne und offenbart dem bloßen Auge sonst unsichtbare Nebel und Sternhaufen.

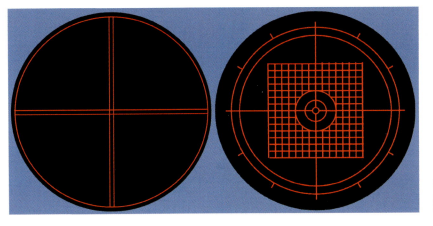

Verschiedene Strichplatten eines beleuchteten Fadenkreuzokulars

Fokalfotografie: Das Teleskop wird als großes Teleobjektiv benutzt.

Mondaufnahme mit der oben dargestellten Anordnung

Aufnahmen durch das Teleskop

Dabei unterscheidet man zwischen Aufnahmen mit mittlerer und mit langer Brennweite. Bei Aufnahmen mit mittlerer Brennweite wird das Teleskop als Teleobjektiv benutzt und das Gehäuse der Spiegelreflexkamera direkt am Teleskop befestigt. Am Teleskop wird dann kein Okular und bei der Kamera kein Objektiv verwendet. Das Teleskop fungiert also nur als großes Teleobjektiv, die Brennweite des Teleskops entspricht der Aufnahmebrennweite. Die Brennweiten reichen hier

ßig) die Stundenachse bewegen sowie hin und wieder Korrekturen in Deklination ausführen. Mit dem Nachführmotor wird alles viel einfacher, kann man dann doch mit einem Handtaster leichte Korrekturen vornehmen.

von ca. 600 mm bei kleinen Refraktoren über kurze Newton-Teleskope mit 800 mm bis zu den handelsüblichen Schmidt-Cassegrain-Teleskopen mit ca. 2000 mm Brennweite. Motive für diese Kombination gibt es reichlich: den ganzen Mond, die ganze Sonne (nur mit Sonnenfilter vor dem Teleskop!) mit ihren Sonnenflecken, die Phasengestalt der Venus, die Monde von Jupiter oder Saturn, Kometen, weite Doppelsterne, helle Sternhaufen, Nebel und Galaxien.

Die Belichtungszeit hängt sehr vom Motiv ab. Bei der Sonne kommt man mit Bruchteilen einer Sekunde aus, der Mond muss nicht sehr viel länger belichtet werden; solche „Schnappschüsse" sind also noch einfach. Für Doppelsterne und Planetenmonde reicht die Belichtungszeit schon von einigen Sekunden bis – und jetzt beginnt es kritisch zu werden – zu mehreren Minuten. Sternhaufen, Nebel und Galaxien durch das Teleskop zu fotografieren bedarf minuten- bis stunden-

langer Belichtungszeit und stellt die „Königsklasse" der Astrofotografie dar. Da die Aufnahmebrennweite jetzt sehr lang ist, muss die Nachführgenauigkeit entsprechend hoch sein. Ohne korrigierend einzugreifen, kann man (selbst mit einer sehr gut aufgestellten Montierung) höchstens 10-20 Sekunden lang belichten, was allenfalls für die Planetenmonde oder helle Doppelsterne ausreichend ist.

Für die „Deep-Sky-Fotografie" durch das Teleskop wird wiederum eine Kontrollmöglichkeit benötigt. Dies kann ein zweites, so genanntes Leitfernrohr sein, oder ein spezieller „Off-Axis-Guider", der dem Aufnahmeinstrument ein wenig Licht zur Kontrolle „klaut". Was man sonst noch alles zu beachten hat, liest man am besten in einem ausführlichen Buch über Astrofotografie nach.

Fotografie mit langer Brennweite

Selbst mit dem Fernrohr als Teleobjektiv werden Planeten, Mondkrater oder Sonnenflecken nur winzig abgebildet. Um die Brennweite weiter zu erhöhen, setzt man in das Teleskop nun ein Okular ein und

Oben: Das Zentralgebiet des Orion-Nebels in Fokalfotografie

Unten links: Zur Nachführkontrolle wird ein Leitfernrohr eingesetzt.

Unten: Off-Axis-Adapter

Der Planet Jupiter, aufgenommen mit Okular-Projektion

und kontrastarm aussehen. Gute Mond- und Planetenbilder sind, wie gute Deep-Sky-Aufnahmen, eine wahre Kunst.

Den richtigen Film wählen

Die Wahl eines geeigneten Films für die Astrofotografie ist als Problem ein Dauerbrenner. Der Film sollte empfindlich, feinkörnig, kontrastreich und in der Farbwiedergabe neutral sein. Einen solchen Film gibt es leider nicht. Die Wahl wird daher, je nach Aufnahmeobjekt, immer ein Kompromiss sein. Eine gute Nachricht aber bleibt: Für den Einstieg (oft auch später) genügen Filme, die im normalen Fotohandel zu haben sind. Für den Anfang empfiehlt sich auf jeden Fall ein Farbdiafilm – mit dessen Entwicklung haben die Labors keine Probleme, die Ergebnisse werden nicht (wie bei Negativfilmen) durch anschließende Filterung beeinflusst. Da die Fotoindustrie immer an der Weiterentwicklung ihres Materials arbeitet, ist der Markt ständig in Bewegung. Eine feste Produktempfehlung kann daher kaum gegeben werden, aktuell (Stand 2002) zu empfehlen ist aber der Kodak Elitechrome 200. Auf alle Fälle sollte man den Kontakt zu Gleichgesinnten suchen, regelmäßig astronomische Zeitschriften lesen und im Internet stöbern.

Bei den Schwarzweißfilmen hat sich klar der sehr feinkörnige und kontrastreiche Kodak Technical Pan 2415 durchgesetzt. Eigentlich handelt es sich dabei um einen Dokumentenfilm geringer Empfindlich-

schließt die Kamera mit dem Fotoadapter (der jetzt in der Konfiguration „Okularprojektion" zusammengesetzt sein muss) daran an. Das Okular wirft dann, einem Diaprojektor ähnlich, das vergrößerte Bild auf den Film. Damit lassen sich 10-40 Meter „Effektivbrennweite" erzielen, die um so größer wird, je kürzer die Okularbrennweite und je größer der Abstand der Kamera vom Okular ist. Leider wird mit steigender Brennweite das Bild zwar größer, dafür aber immer dunkler und schwieriger scharf zu stellen. Außerdem muss man zur späteren Nachvergrößerung einen feinkörnigen, also gering empfindlichen Film verwenden. Dadurch verlängert sich die Belichtungszeit auf mehrere Sekunden, die Luftunruhe macht sich deutlich bemerkbar, und man muss nicht enttäuscht sein, wenn die Bilder flau

keit, der aber nach einer Spezialbehandlung, der „Hypersensibilisierung" mit Forming Gas, eine für die Astrofotografie geeignete, sehr hohe Empfindlichkeit aufweist. So behandelte Filme können im astronomischen (nicht Foto-) Fachhandel erworben werden (Profis bauen sich eine solche Anlage natürlich selbst, siehe Fachliteratur).

Die Filmentwicklung

Genügend Vertrauen in das Entwicklungslabor seiner Wahl vorausgesetzt, hat man mit Farbdiafilmen die wenigsten Probleme. Man sollte aber unbedingt darauf hinweisen, dass der Film nicht zerschnitten wird (die automatischen Schneidemaschinen erkennen Astroaufnahmen nicht und schneiden diese sonst gnadenlos durch). Von gelungenen Bildern kann man anschließend genauso problemlos Papierabzüge machen lassen.

Etwas umständlicher wird es bei Farbnegativfilmen. Die Negativentwicklung ist noch problemlos, aber eigentlich kein Labor ist in der Lage, von Astroaufnahmen vernünftige Papierabzüge zu machen. Am besten geht man hier in ein Stundenlabor und erklärt dem Personal vor Ort, um was für Bilder es sich handelt.

Verwendet man den oben erwähnten Schwarzweißfilm Technical Pan, so kommt man um die eigene Entwicklung nicht herum. Zum Spezialfilm gehört nämlich auch Spezialentwickler (Kodak D-19 oder HC-110); ansonsten ist, entsprechendes Entwicklungszubehör vorausgesetzt, die Entwicklung eines Schwarzweißfilms ein Kinderspiel.

Die Wahl des richtigen Filmmaterials ist sehr wichtig; deutliche Farbabweichungen (ganz links) sind sonst nicht zu vermeiden.

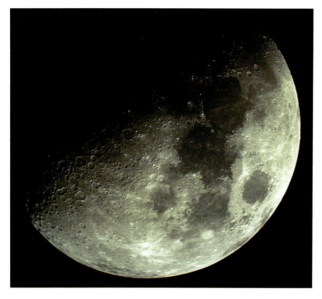

Der Halbmond, aufgenommen mit einer Digitalkamera

Kraterlandschaft am Mondterminator, mit einer einfachen WebCam aufgenommen

Oben: DigiCam-Aufnahme des Orion-Nebels

Unten: Detailreiche WebCam-Aufnahme von Jupiter

Digitale Bilderwelt

Es ist nicht mehr von der Hand zu weisen, die digitale Fotografie ist im Kommen und wird vielleicht in einigen Jahren die herkömmliche Fotografie vollständig ersetzt haben. Die handelsüblichen Digitalkameras sind für astronomische Zwecke nur bedingt zu verwenden, da nur bei Profimodellen das Ob-

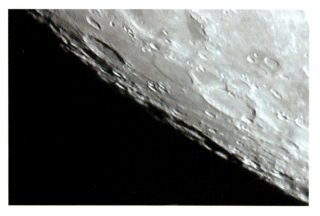

jektiv abgenommen werden kann. Speziell für die Astrofotografie werden so genannte CCD-Kameras eingesetzt, deren lichtempfindlicher Chip stark gekühlt ist, und die gegenüber konventionellen Filmen eine deutlich höhere Empfindlichkeit besitzen. Leider ist die Auflösung noch recht gering und die Preise sind geradezu „astronomisch". Da oft neue Modelle auf den Markt kommen, sei auch an dieser Stelle

PRAKTISCHE ASTROFOTOGRAFIE

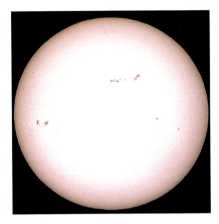
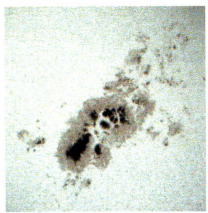

Oben: Auch die Sonne kann man digital ablichten; links die ganze Sonnenscheibe, rechts ein Sonnenfleck im Detail.

Unten: Jupiteraufnahmen mit einer WebCam. Durch Überlagerung mehrerer Bilder (rechts) kann man das Rauschen unterdrücken und so die Bildqualität deutlich steigern.

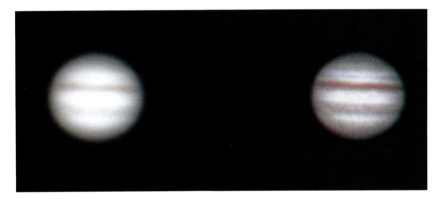

auf die Fachliteratur und astronomische Zeitschriften verwiesen.

Astrofotografie mit einer WebCam
Eine kleine Revolution ist der digitalen Astrofotografie durch den Einsatz der (eigentlich gar nicht dafür vorgesehenen) WebCams widerfahren. Eine WebCam ist eine digitale Mini-Videokamera mit einem Chip ähnlich den viel teureren Digitalkameras. Normalerweise sind sie dazu gedacht, Bildsequenzen über das Internet zu übertragen und können daher direkt an einen Computer angeschlossen werden. WebCams verwenden zwei Arten lichtempfindlicher Chips: entweder einen echten CCD-Chip wie große Videokameras oder einen preisgünstigen CMOS-Chip, der sehr viel stärker rauscht und für astronomische Zwecke eher nicht geeignet ist. Da WebCams, im Ge-

gensatz zu den astronomischen CCD-Kameras, nicht gekühlt werden, eignen sie sich nur für helle Objekte wie Sonne, Mond und Planeten.

Die eigentliche Hürde besteht in der Verbindung von WebCam und Teleskop; für manche Modelle gibt es fertige Adapter im Teleskophandel zu kaufen, meistens kann man sich aber auch eine Steckhülse selbst basteln (WebCams sind sehr leicht). Eine WebCam wird direkt mit dem Computer verbunden, der also in Reichweite des Teleskops aufgestellt sein muss. Die WebCam ist eine Videokamera, sie zeichnet längere Folgen mit vielen Bildern auf, die auf der Festplatte des PCs gespeichert werden. Diese Bildfolgen können immer wieder abgespielt und Einzelbilder mit Bildbearbeitungssoftware bearbeitet werden. So lassen sich die besten Einzelbilder einer Sequenz auswählen und addieren, um die Qualität des Summenbildes zu verbessern. Die technische Entwicklung schreitet so schnell fort, dass an dieser Stelle keine Empfehlung für ein bestimmtes Kameramodell ausgesprochen werden kann. Ratsam ist, sich wie immer über Fachzeitschriften oder im Internet zu informieren.

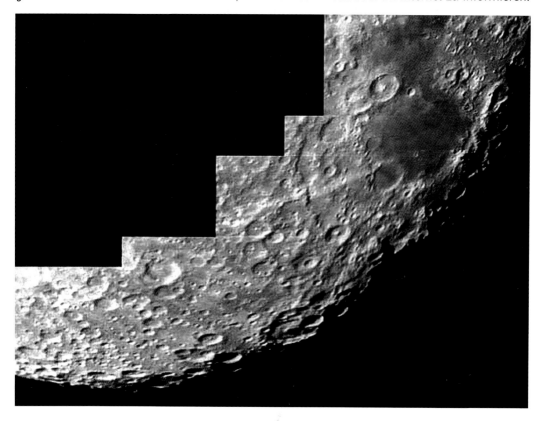

Aus mehreren digitalen Einzelaufnahmen wurde ein Mosaik des Mondterminators zusammengesetzt.

Digitale Bildverarbeitung macht's möglich: Das bearbeitete Bild rechts zeigt deutlich mehr Nebel als das grünstichige Original links.

Bildbearbeitung am Computer

Der Einsatz digitaler Aufnahmemedien verlangt geradezu nach einer nachträglichen Bearbeitung der Bilder im PC, zur Verbesserung der Qualität, zum Erstellen von Bild-Mosaiken oder zur Addition von vielen Einzelbildern. Aber diese Ziele sind nicht auf digital aufgenommene Bilder beschränkt. Fotografisch auf klassischem Wege gewonnene Astro-Aufnahmen können über einen Film- oder Flachbett-Scanner digitalisiert werden. Dann steht der Bearbeitung am heimischen PC nichts mehr im Wege. Moderne Computer besitzen im Gegensatz zu älteren Modellen die erforderliche Hardware-Ausstattung mit ausreichend Arbeitsspeicher, Prozessorleistung und Festplattenkapazität. Mit entsprechender Software kann man so leicht Kontrast und Farbeindruck des Bildes optimieren und auf diesem Weg noch sehr viel mehr aus seinen Astrofotos machen. Als Grundlage für all diese „Zauberei" ist aber nach wie vor eine möglichst gute Astrofotografie notwendig.

Motive für Astrofotografen

Ruhende Kamera mit Weitwinkel- oder Normalobjektiv:
- *Strichspur-Aufnahmen (reizvoll beim Himmelspol oder am Horizont)*
- *Meteore*
- *Nachtleuchtende Wolken*
- *Nordlichter*
- *Künstliche Satelliten*

Nachgeführte Kamera (unkorrigiert) mit Weitwinkel- oder Normalobjektiv
- *Sternbilder mit lichtschwachen Objekten*

Nachgeführte Kamera (korrigiert) mit Teleobjektiv
- *Sonne, Mond, Sonnen- und Mondfinsternisse*
- *Sternfelder, Gasnebel, Sternhaufen*
- *Kleinplaneten, Kometen*

Fernrohr als Tele-Optik (nachgeführt und korrigiert)
- *Sonne, Mond*
- *Gasnebel, Sternhaufen, Galaxien*
- *Kleinplaneten, Kometen*

Fernrohr mit Okular-Projektion (nachgeführt)
- *Sonne, Mond und Planeten*

Das Beobachtungsbuch

Ein Beobachtungsbuch unterstützt
die eigene Beobachtungspraxis
ganz wesentlich. Nur wenn man
die eigenen Beobachtungen protokolliert, kann man aus diesen Erfahrungen für zukünftige Beobachtungen Nutzen ziehen.
Man kann im Beobachtungsbuch
nachlesen, wie ein bestimmtes Objekt zu einem früheren Datum beobachtet wurde, wie erfolgreich die
Beobachtung war und was beim
nächsten Mal besser gemacht werden kann. Das Austauschen praktischer Erfahrungen ist neben der
eigentlichen Himmelsbeobachtung
wohl die wichtigste, praktischste
und schönste Art, Astronomie zu
betreiben. In der Gruppe und mit
anderen macht Astronomie einfach
mehr Spaß.

Beobachtungen festhalten

Das Beobachtungsbuch ist wie ein
Tagebuch. Man kann mit seinen
Worten beschreiben, was beobachtet oder erlebt wurde. Als Notizen
empfehlen sich:

- welches Objekt oder Ereignis
  beobachtet wurde
- Datum und Uhrzeit der
  Beobachtung
- der genaue Beobachtungsort
- die Lufttemperatur und wenn
  möglich die Luftfeuchtigkeit
- die Transparenz (Durchsicht)
  der Luft
- die Luftunruhe (das Seeing)
- das benutzte Instrument

- mit welchem Okular und welcher
  Vergrößerung beobachtet wurde
- ob Filter verwendet wurden
- eine möglichst genaue Beschreibung des visuellen Eindrucks

Zusätzlich ist eine kleine Zeichnung immer ein Gewinn.

Beobachtungsbuch
für Astrofotos

Besonders Astro-Aufnahmen sollten sorgfältig protokolliert werden.
Jede Aufnahme erhält chronolo-
gisch eine eindeutige, fortlaufende
Nummer. Diese Nummer wird später auf dem Diarahmen, dem Ne-
gativstreifen, dem Dateinamen,
dem Ausdruck oder der Vergrößerung auf Papier notiert. So kann
man folgende Aufnahmedaten und
Aufnahmebedingungen einem Bild
stets zuordnen:

- die Aufnahmenummer
- den Beobachtungsort
- Datum und Uhrzeit des
  Aufnahmebeginns
- die Belichtungsdauer
- das fotografierte Himmelsobjekt
- die verwendete Aufnahmeoptik
- verwendete Filter
- den verwendeten Film
- Lufttemperatur und -feuchtigkeit
- die Transparenz (Durchsicht)
  der Luft
- die Luftunruhe
- Informationen zur
  Filmentwicklung
- die Qualität der Aufnahme

Beobachtungsbuch

Objekt: _NGC 4711_   **Andere Nr., Name:** _Kölnisch-Wasser-Galaxie_

Sternbild: _Jungfrau_   RA: _08_ h _15_ m   Dec.: _-07° 12'_

Typ: _SBc_   Größe: _14' x 3'_   Helligkeit: _12.^m2_

Vergr.: _100_ x
Gesichtsfeld: _ca. 30'_

Filter: _/_
Sichtbar im Sucher: ☐

Teleskop: _C8_

Typ: _SCT_   Öffnung: _200_ mm Öffnungsverhältnis: f _/10_

Beobachtungsbedingungen:

Datum: _01/04/02_   Zeit: _23:30 UT_

Ort: _Neustadt_   Grenzgröße: _ca. 5.^m5_

Beschreibung:

Bedingungen nicht ideal, leichter Dunst zum Horizont hin. Luftruhe
recht gut. NGC 4711 mit Uranometria per Starhopping aufgesucht.
Identifizierung schwierig, Galaxie nur indirekt zu sehen. Naher Stern
10. Größe wichtige Hilfe. Von der Galaxie nur Kernbereich sichtbar, deut-
lich kleiner als tatsächliche Größe. Ein Kandidat für CCD-Fotografie!

Beobachter: _Hans Melkweeg_

Beispiel für ein persönliches Beobachtungsbuch. Eine Kopiervorlage finden Sie auf der Umschlagklappe innen.

Leserservice

Literaturtipps

- Hahn, H., Weiland, G.: *Der neue Kosmos Himmelsführer*, Kosmos Verlag, Stuttgart, 1998
- Keller, H.-U.: *Astrowissen*, Kosmos Verlag, Stuttgart, 2000
- Keller, H.-U.: *Von Ringplaneten und Schwarzen Löchern*, Kosmos Verlag, Stuttgart, 2002
- Keller, H.-U.: *Kosmos Himmelsjahr*, Kosmos Verlag, Stuttgart (erscheint jährlich im Herbst)
- Klötzler, H.-J.: *Das Astro-Teleskop für Einsteiger*, Kosmos Verlag, Stuttgart, 2000
- Korth S., Koch B.: *Stars am Nachthimmel*, Kosmos Verlag, Stuttgart, 2001
- Lacroux, J., Legrand, C.: *Der Kosmos Mondführer*, Kosmos Verlag, Stuttgart, 2000
- Livio, M.: *Das beschleunigte Universum*, Kosmos Verlag, Stuttgart, 2001
- Lorenzen, D. H.: *Deep Space*, Kosmos Verlag, Stuttgart, 2000
- Schröder, K. P.: *Astrofotografie für Einsteiger*, Kosmos Verlag, Stuttgart, 2000
- Spence, P.: *Das Kosmos Buch vom Weltraum*, Kosmos Verlag, Stuttgart, 1999

Sternkarten

- Hahn H., Weiland G.: *Drehbare Kosmos-Sternkarte (auch als „Mini"-Ausgabe)*, Kosmos Verlag, Stuttgart, 2001
- Hahn H., Weiland G.: *Südhimmel-Sternkarte für Jedermann*, Kosmos Verlag, Stuttgart, 2000
- Hahn H., Weiland G.: *Sternkarte für Einsteiger (auch als nachtleuchtende Ausgabe)*, Kosmos Verlag, Stuttgart, 1998
- Karkoschka, E.: *Atlas für Himmelsbeobachter*, Kosmos Verlag, Stuttgart, 1997
- Mellinger A., Hoffmann S.: *Der große Kosmos Himmelsatlas*, Kosmos Verlag, Stuttgart, 2002
- Tirion, W.: *Sky Atlas 2000.0*, Sky Publishing Corp., USA

Software

- *EasySky*, Matthias Busch, Heppenheim
- *Guide 8.0*, astro-shop, Hamburg
- *Kosmos Planetarium Bessel 4.0*, United Soft Media, München
- *Redshift 4.0*, United Soft Media, München
- *VirtualSky*, Manfred Dings, Saarbrücken

Zeitschriften

- *Astronomie und Raumfahrt im Unterricht*, Erhard Friedr. Verlag
- *Interstellarum*, Oculum-Verlag, Erlangen
- *Star Observer*, Star Observer Verlag, Gräfelfing
- *Sterne und Weltraum*, Spektrum Verlag, Heidelberg

- *VdS-Journal für Astronomie,* Vereinigung der Sternfreunde, Heppenheim

Astrozubehör

- *AIT, Astronomische Instrumente Thiele,* Walkmühlstraße 4, 65195 Wiesbaden
- *Astrocom GmbH,* Lochhamer Schlag 5, 82166 Gräfelfing
- *Baader Planetarium,* Zur Sternwarte, 82291 Mammendorf
- *Dörr Foto,* Postfach 1280, 89202 Neu-Ulm
- *Fujinon GmbH,* Halskestraße 4, 47877 Willich
- *Intercon Spacetec,* Gablinger Weg 9, 86154 Augsburg
- *Lachner & Rhemann,* Thaliastraße 83, 1160 Wien
- *OSDV GmbH,* Münsterstraße 111, 48155 Münster
- *Photo Universal,* Max-Planck-Straße 28, 70736 Fellbach
- *Pro Astro P. Wyss,* Dufourstraße 124, 8034 Zürich
- *Vehrenberg KG,* Meerbuscher Straße 64-78, 40670 Meerbusch

Astronomische Vereinigungen

- *VdS, Vereinigung der Sternfreunde e.V.,* Am Tonwerk 6, 64646 Heppenheim
- *Österreichischer Astronomischer Verein,* Baumgartenstraße 23/4, 1140 Wien
- *Schweizerische Astronomische Gesellschaft,* Gristenbühl 13, 9315 Neukirch

Internet-Links

- Nomen est omen
  http://www.astronomie.de
- Das Astrofoto des Tages
  http://antwrp.gsfc.nasa.gov
- Deep Sky Objekte und mehr
  http://www.geocities.com/Area51/ Corridor/2120/index.html
- Europäische Südsternwarte ESO
  http://www.eso.org
- Das Hubble-Weltraumteleskop
  http://www.stsci.edu
- Europ. Weltraumbehörde ESA
  http://www.esa.int
- Volkssternwarten und Planetarien im deutschsprachigen Raum
  http://www.sternklar.de/gad
- SOHO, aktuelle Sonnenbilder
  http://sohowww.estec.esa.nl
- Aktuelle Angaben zur Sonnenaktivität und anderen astronomischen Erscheinungen
  http://www.spaceweather.com
- Aktuelle Wettersatelliten-Bilder
  http://meteosat.e-technik.uni-ulm.de
- Infos über astronomische/astronautische Ereignisse,
  http://www.jpl.nasa.gov/calendar/calendar.html
- Infos über Satelliten-Passagen, Iridium-Blitze und andere „himmlische" Ereignisse
  http://www.heavens-above.com
- Alpha Centauri auf Bayern 3
  http://www.br-online.de/alpha/ centauri
- Alles über Sonnenfinsternisse
  http://sunearth.gsfc.nasa.gov
- Vereinigung der Sternfreunde
  http://www.vds-astro.de
- Schweizerische Astron. Gesell.
  http://www.astroinfo.ch

Register

Abendhimmel	30	Dämmerung	25	Fokalfotografie	176
Abendrot	11	Danjon-Skala	88	Folienfilter	92
Achromat	69	Laplace, Pierre S. de	112	Fotoadapter	171, 178
Adaption	62	Deep Sky	153	Fotostativ	68
Airglow	25	Deep-Sky-Fotografie	177	Foucault, Jean B.	16
Algol	146	Deimos	105	Fraunhofer, J. von	140
Analemma	23	Deklination	31, 81	Frühlingssternbilder	37
Andromeda-Nebel	164	Deklinationsachse	77	Galaxie	164
Aphel	20, 53	Delta-Cephei-Stern	147	Galilei, Galileo	42, 109
Apochromat	69	Digitalkamera	180	Galileische Monde	109
Apogäum	47	Dobson-Teleskop	75	Galle, Johann G.	55
Äquatorsystem	31, 76	Doppelstern	64, 144	Gasnebel	153, 157
Aschgraues Licht	44	Drahtauslöser	170	Gasschweif	59, 128
Asteroid	119	Drakonitischer Monat	47	Gesichtsfeld	80, 173
Astrofotografie	170	Drehachse	19	Glasfilter	92
Astronom. Einheit	20	Drehung der Erde	16	Granulation	95
Astrophysik	134	Dreyer, John	154	Grenzgröße	63
Atmosphäre	11, 13, 111	Dunkelwolke	150	Größenklasse	32
Auflösungsvermögen	63	Durchgang	51	Großer Bär	40
Augenprüfer	145	Einstein, Albert	142	Großer Roter Fleck	108
Azimut	17	Eintrittspupille	66	Großer Wagen	40
Babylonier	35	Ekliptik	20, 45	Größter Glanz	50
Bahnknoten	45	Ekliptiksternbilder	34	Hale-Bopp	59, 126
Barlow-Linse	74	Elongation	49, 103	Halley, Edmond	134
Belichtungsdauer	172	Entfernungsmessung	151	Hauptreihe	140
Beobachtungsbuch	184	Erdachse	76	Hauptspiegel	70
Bessel, Friedrich W.	134	Erdatmosphäre	14, 48,	Heliumkern	144
Beugungseffekt	72	57, 64, 123		Heliumregen	114
Beugungsringe	65	Erdbahnkreuzer	119	Helligkeit, abs.	137, 140
Bildbearbeitung	183	Erddrehung	16, 76	Herbststernbilder	39
Bildschärfe	63	Erdschatten	47	Herschel, W.	55, 115, 150
Blende	67	Erster Vertikal	17	Hertzsprung, Eijnar	140
Bolide	122	Fadenkreuzokular	175	Hertzsprung-Russell-	
Brennweite	72	Fangspiegel	71	Diagramm	140
Bunsen, Robert W.	139	Farbmischung	13	Himmel, blau	10
Cassini, Domenico	112	Fernglas	63, 67, 98	Himmelsäquator	22, 31
Cassini-Teilung	114	Film	178	Himmelsdrehung	76
CCD-Kamera	180	Filmentwicklung	179	Himmelshintergrund	172
Ceres	119	Finsternisbrille	26	Himmelsjäger	35
Chromosphäre	96	Fixstern	134	Himmelspol	40, 76
Computersteuerung	82	Flächenhelligkeit	167	Himmelsrichtung	15

REGISTER

Hipparch 32
Hipparcos 136, 151
Höhe 17
Hohlspiegel 70
Horizont 13, 24
Hörnerspitzen 104
Hubble-Schema 164
Hyaden 154
Hyakutake 59
Hypersensibilisierung 179
Interstellare Materie 157
Jahrbuch 100, 120
Jupiter 51, 108
Justierokular 71
Kameraobjektiv 171
Kirchhoff, Gustav R. 139
Klappholzmontierung 173
Klassifikationsschema
 der Sonnenflecken 95
Kleiner Bär 41
Kleiner Wagen 41
Kleinplanet 119
Komet 59, 112, 126
Kometenhelligkeit 130
Kometenkern 126
Kometenkoma 126
Kometenschweif 127
Kondensationsgrad 130
Konjunktion 103
Konjunktion 48, 52
Krippe 155
Kugelsternhaufen im
 Herkules 163
Kugelsternhaufen 162
Kuiper-Gürtel 117
Kulmination 15
Leitfernrohr 177
Leuchtkraft 137
Leverrier, Urbain 55, 116
Lichtjahr 136
Lichtkurve 149
Lichtsammelvermögen
 62
Linsenfernrohr 69

Lufthülle 11, 14
Luftunruhe 64
Magellan 102
Magellansche Wolke 166
Magnetfeld,
 interplanetares 127
Magnitudo 32
Mariner 2 102
Mars 51, 104
Marsatmosphäre 108
Marskarte 106
Meridian 17
Merkur 48, 100
Messier, Charles 153
Messier-Katalog 153
Meteor 56, 122
Meteorit 122
Meteoroid 56, 122
Meteorstrom 123
Milchstraße 38, 42, 150
 Zentrum 34, 151
Mira-Stern 147
Mittagslinie 17
Mittagsrichtung 15
Mittagszeit 14
Mond 43, 86
Mondbahn 45
Mondbewegung 43
Mondfinsternis
 27, 47, 88
Mondkrater 87
Mondmare 86
Mondoberfläche 86, 89
Mondphasen 43f, 86
Mondterminator 86
Montierung 99
Montierung,
 azimutale 74
 parallaktische 77, 121
Morgenrot 11
Mylar-Folie 92
Nachführmotor 174
Nachtleuchten 25
Nachvergrößerung 178

Neptun 55, 116
Netzhaut 62
Neutronenstern 144
Newton-Teleskop 70, 154
NGC-Katalog 154
Nordhalbkugel 18
Normalobjektiv 170
Objektiv 69
Off-Axis-Guider 177
Offene Sternhaufen 154
Öfnnungsverhältnis 66
Okular 66
Okularprojektion 178
Olbers, Heinrich W. 119
Olympus Mons 105
Opposition 51ff
Oppositionsschleife 53
Oppositionsstellung 106
Oppositionszeit 110
Orion 31, 35, 139
Orion-Nebel 68, 143,
 157, 160, 177
Ortszeit 22
Parallaxe 135
Parsec 135
Pendel 16
Penumbra 93
Perigäum 47
Perihel 20, 53
Perseiden 123
Phasengestalt 103
Phobos 105
Photosphäre 96
Piazzi, Guiseppe 119
Planck, Max 139
Planet 48, 98
Planetarischer Nebel 158
Planetarium 27
Planetenbeobachtung 99
Plejaden 154
Pluto 55, 117
Pogson, Norman R. 32
Polarkreis 26
Polarnacht 26

Polarstern 30, 40, 77	Sonnenflecken-	Teilkreise 81, 99
Polkappe 107	Relativzahl 94	Teleskopöffnung 63
Polsucher 78	Sonnenkorona 27, 96	Telrad-Sucher 73, 81
Projektionsmethode 90	Sonnenkulmination 21	Terminator 87
Protuberanzen 97	Sonnenlicht 12	Tiefdruckgebiet 17
Pupille 62	Sonnenoberfläche 93	Tierkreissternbilder 34
Radiant 123, 125	Sonnenprojektion 51	Titius, Johann D. 119
Raumstation 56ff	Sonnenrand 24	Tombaugh, Clyde 55, 117
Rayleigh, John W. 14	Sonnentag 21	Tubus 70
Reflektor 70	Sonnenuhr 21f	UFO 57
Reflexionsnebel 157	Spektralanalyse 139	Umbra 93
Refraktion 24	Spektrallinie 140	Umlaufbahn, polare 58
Refraktor 69	Spektraltyp 140	Uranus 55, 115
Regenbogen 138	Spiegelreflexkamera 170,	Vakuum 157
Rektaszension 31, 81	176	Valles Marineris 105
Riesenplanet 108	Spiegelteleskop 70	Venus 48, 101
Ringöffnung 114	Spiralgalaxie 165	Veränderlicher Stern 146
Ringplanet 112	Starhopping 82	Vergrößerung 65, 99
Roche-Grenze 112	Staubschweif 59	Viking 104
Roter Riese 143	Sternatlas 129	Visiereinrichtung 73
Rote-Riese-Phase 158	Sternbild 30	Vollmond 46
Russell, Henry N. 140	Sternhaufen 153	Voyager 2 116
Saros-Zyklus 48	Sternhelligkeit 32	Wandelstern 48
Satellit 56ff	Sternhimmel,	Wasserstoffbrennen 142
Saturn 51, 112	jahreszeitlicher 31	Wasserstoff-Linie 157
Scheiner-Methode 78	Sternschnuppe 55, 121	WebCam 181
Schmidt-Cassegrain-	Sternschnuppenströme	Weißer Zwerg 144
Teleskop 71	124	Weltbild,
Schmidt-Platte 72	Sterntag 19, 21, 76	geozentrisches 48
Schnee 11ff, 14	Strahlung,	heliozentrisches 48
Schwarzes Loch 144, 151	elektromagnetische 14	Wintersechseck 35
Seeing 99	Strahlungsdruck 143	Wintersonnenwende 20
Siderischer Monat 46	Strichspur 121	Wintersternbilder 35
Sirius 32, 36, 146	Strichspuraufnahme 171	Wolf, Max 94
Sombrero-Galaxie 166	Stundenachse 76, 176	Zeitgleichung 21f
Sommersonnenwende 20	Sucherfernrohr 81	Zeitzonen 22
Sommersternbilder 38	Südhalbkugel 18	Zenit 17, 68
Sonnenfackeln 95	Synodischer Monat 45f	Zenitprisma 73
Sonnenfilter 90	Szintillation 64	Zirkumpolarsternbilder
Sonnenfinsternis 26, 97	Tagundnachtgleiche 20	40

Adressen der Planetarien

Augsburg
Planetarium
Im Thäle 3
86152 Augsburg
Tel.: (08 21) 3 24 67 62

Berlin
Wilhelm-Foerster-Sternwarte
und Planetarium
Munsterdamm 90
12169 Berlin
Tel.: (0 30) 7 90 09 30

ZEISS-Großplanetarium
Prenzlauer Allee 80
10405 Berlin
Tel.: (0 30) 42 18 45 12

Bochum
Planetarium und Sternwarte
Castroper Straße 67
44777 Bochum
Tel.: (02 34) 5 16 06-0

Halle
Raumflugplanetarium
Peißnitzinsel 4 a
06108 Halle
Tel.: (03 45) 8 06 03 17

Hamburg
Planetarium
Hindenburgstraße 1b
22303 Hamburg
Tel.: (0 40) 51 49 85-0

Jena
Planetarium
Am Planetarium 5
07743 Jena
Tel.: (0 36 41) 88 54 88

Laupheim
Volkssternwarte und Planetarium
Parkweg 44
88471 Laupheim
Tel.: (0 73 92) 9 10 59

Luzern
Planetarium im Verkehrshaus
Lidostraße 5
CH-6006 Luzern
Tel.: (0 41) 31 44 44

Mannheim
Planetarium
Wilhelm-Varnholt-Allee 1
68165 Mannheim
Tel.: (06 21) 41 56 92

München
Planetarium und Volkssternwarte
Anzinger Straße 1
81671 München
Tel.: (0 89) 40 62 39

Planetarium
Forum der Technik
Museumsinsel 1
80538 München
Tel.: (0 89) 2 11 25 18 0

Münster
Planetarium im Naturkundemus.
Sentruper Straße 285
48161 Münster
Tel.: (02 51) 8 94 23

Nürnberg
Planetarium
Am Plärrer 41
90317 Nürnberg
Tel.: (09 11) 26 54 67

ADRESSEN DER PLANETARIEN

► **Osnabrück**
Planetarium
Am Schölerberg 8
49082 Osnabrück
Tel.: (05 41) 56 00 30

► **Recklinghausen**
Volkssternwarte und Planetarium
Stadtgarten Cäcilienhöhe
45657 Recklinghausen
Tel.: (0 23 61) 2 31 34

► **Schneeberg**
Sternwarte und Planetarium
Heinrich-Heine-Straße
08289 Schneeberg
Tel.: (0 37 72) 2 24 39

► **Stuttgart**
*Carl-Zeiss-Planetarium mit
Sternwarte Welzheim*
Mittlerer Schlossgarten
70173 Stuttgart
Tel.: (07 11) 1 61 92 15

► **Wernigerode**
Harzplanetarium
Walther-Rathenau-Straße 11
38855 Wernigerode
Tel.: (0 39 43) 3 22 77

► **Wien**
Planetarium der Stadt Wien
Oswald-Thomas-Platz 1
A-1020 Wien
Tel.: (02 22) 24 94 32

► **Wolfsburg**
Planetarium
Uhlandweg 2
38440 Wolfsburg
Tel.: (0 53 61) 2 19 39

► **Zürich**
Planetarium Zürich
Haldenstraße 138
CH-8055 Zürich
Tel.: (01) 6 32 38 13

Bildnachweis

Jürgen Behler: 174 o.; Werner E. Celnik: 7, 28-29, 36, 41, 42, 45, 47, 55, 60-61, 62, 68 u., 73, 74, 76, 80 beide, 81, 82, 86, 87 o., 88, 89 u., 91, 92, 94, 97, 99, 103 beide, 115, 122, 123, 125 beide, 128, 129, 131 beide, 132-133, 145, 146, 152, 154, 155, 157, 158 u., 160, 161, 164, 165, 167, 170, 171, 172, 173, 174 u., 175, 176 beide, 177 o. und ul., 179; Radek Chromik: 180 or.; Robert Darmietzel: 180 ul.; Hans-Günter Diederich: 120; Mark Emmerich/Sven Melchert: 13, 25, 26, 59, 126, 183; ESA: 127 u.; Eumetsat: 16; Uwe Glahn: 68 o.; Bernd Flach-Wilken: 84-85, 87 u., 107 beide, 110, 111, 114, 158 o., 163, 166 o., 168-169; Frank Fleischmann: 75; Hermann-Michael Hahn: 11, 56; Andreas Kammerer: 130; Bernd Koch: 118, 177 ur.; Stefan Korth: 77; Michael Kunze: 8-9; Wolfgang Lille: 93; NASA: 100, 101, 102, 105, 109, 113, 116 beide, 117, 119; Uwe Pilz: 89 o.; Volker Scheve: 182; Stefan Schimpf: 180 M., 181 ol.; Peter Schluck: 181 u.; Hans Schremmer: 6, 180 ol., 181 or.; Ronald Stoyan: 167; Volker Wendel: 143, 159; Bodo Wiebers: 30, 178.